普通高等教育"十一五"国家级规划教材

（高职高专）

化工制图习题集

第三版

董振柯 刘伟 主编 孙安荣 主审

化学工业出版社

·北京·

本习题集为《化工制图》第三版的配套用书，主要内容包括制图基本知识、投影基础、基本体、组合体、图样画法、标准件和常用件、零件图和装配图、化工设备图及化工工艺图等。

本习题集与《化工制图》第三版同步，精选题目，题量、难度适中，内容全面且重点突出，题型多样，并附有部分习题答案和三维立体图。

本习题集配有 AR 辅助学习系统。

本习题集主要适用于高职高专化工类、制药类专业的制图教学，也可作为其他相近专业以及成人教育和职业培训的教材或参考用书。

图书在版编目（CIP）数据

化工制图习题集/董振柯，刘伟主编. —3 版. —北京：
化学工业出版社，2019.5 （2025.7重印）
普通高等教育"十一五"国家级规划教材. 高职高专
ISBN 978-7-122-34020-7

Ⅰ.①化… Ⅱ.①董… ②刘… Ⅲ.①化工机械-机
械制图-高等职业教育-习题集 Ⅳ.①TQ050.2-44

中国版本图书馆 CIP 数据核字（2019）第 039860 号

责任编辑：高　钰　　　　　　　　　　　装帧设计：刘丽华
责任校对：王　静

出版发行：化学工业出版社（北京市东城区青年湖南街 13 号　邮政编码 100011）
印　　装：河北延风印务有限公司
787mm×1092mm　1/16　印张 8¼　字数 215 千字　2025 年 7 月北京第 3 版第 9 次印刷

购书咨询：010-64518888　　售后服务：010-64518899
网　　址：http://www.cip.com.cn
凡购买本书，如有缺损质量问题，本社销售中心负责调换。

定　　价：26.00 元

移动增强现实（AR）辅助教学系统 APP 使用说明

使用本书提供的 APP，直接扫描书中有 AR 标识的插图，与之对应的三维形体即可通过 AR 虚实结合的方式在移动设备中呈现出来，读者可以对呈现的三维模型进行交互的操作。操作步骤及注意事项如下：

1. 使用手机或平板电脑（安卓系统）扫描下面的二维码，下载 APP 应用程序。

《化工制图习题集》第三版（高职）

2. 安装过程选择信任该程序、允许运行。

3. 点击图标运行程序，会出现章节目录，选取相应的章节，系统会调用手机摄像头，进入扫描状态。

4. 将摄像头对准本书相应章节有 AR 标识的图 AR，扫描后即呈现三维立体。

5. 立体出现后，如有抖动现象，移动手机，使摄像头脱离被识别图，即可消除抖动。

6. 读者可对三维立体进行如下交互的操作：旋转（单手指触控）；缩放（双手指触控）；也可以通过右下角的按钮对立体进行主视、俯视、左视三个方向的投影。

7. 如有使用问题可咨询刘老师，buaawei@126.com，qq：14531705。

前　　　言

本习题集在《化工制图习题集》第二版（2010 年出版）的基础上修订而成，为《化工制图》（第三版）的配套用书，主要适用于高职高专化工、制药类专业的制图教学，也可作为其他相近专业以及成人教育和职业培训用书或参考用书。

本次修订开发引入了基于增强现实（AR）技术的辅助学习系统，读者利用手机或者平板电脑（安卓系统）扫描移动增强现实（AR）辅助教学系统 APP 使用说明中的二维码下载安装该系统，打开软件选择相应的章节，系统进入相机状态，此时扫描该章节具有 AR 标识 的习题图，即可逼真的展示三维立体模型，并可交互进行旋转、放大、缩小。需注意应在完成相应习题后才通过此系统检查验证。

参加本习题集修订编写工作的有：董振柯、刘伟、胡坤芳、邹修敏、王敏。全书由董振柯、刘伟主编，孙安荣主审。

《化工制图习题集》AR 辅助学习系统由河北工业大学刘伟及其团队开发。

由于水平所限，书中难免存在疏漏之处，欢迎读者批评指正。

编者

2019 年 3 月

第一版前言

《化工制图习题集》为《化工制图》教材的配套用书。

本书是在全国化工教学指导委员会组织下，依据教育部"高职高专工程制图课程教学基本要求"，按照高职高专教育的培养目标和特点，融合编者长期的教学经验编写的。主要适用于高等职业技术学院、高等工程专科学校化工类专业的制图教学，亦可供职大、电大、夜大等相近专业使用和参考。

本书以培养高技能人才为目标，努力贯彻以就业为导向，深化高等职业教育改革的精神，着力体现高职特色和专业特色，重视实践能力和职业技能的训练，突出画图和读图技能培养。习题集精选题目、由浅入深、与教材同步，共分为8章。第一章练习制图标准、几何作图以及尺规作图、徒手作图的基本方法；第二章～第四章为正投影法、点线面、形体的三视图、基本体、组合体以及截交线、相贯线及轴测图等投影作图练习；第五章练习视图、剖视图、断面图等图样画法；第六章绘制和阅读零件图和装配图，并对标准件、表面粗糙度、极限与配合等机械常识进行练习；第七章和第八章分别练习化工设备图和化工工艺图的画法和读图。各章除作图类型题目外，均增加了一些填空和选择题，并附有部分习题答案或提示，特别是提供了许多读图类题目的三维立体图，以帮助学生读图和自我测试。

本习题集另配有多媒体教学课件，涵盖本习题集的全部习题，并提供习题答案和必要的提示，还利用虚拟现实技术开发了习题集中涉及的全部的三维模型库，为教师布置作业和作业讲评提供了极大方便。

参加本书编写工作的有：董振柯（绪论、第一章、第六章）、许春树（第七章、第八章）、徐永军（第二章、第三章）、李乾伟（第四章、第五章），由董振柯任主编，许春树任副主编。

本书由孙丽亚、孙安荣主审。参加审稿并提供帮助的还有：路大勇、张红光、庞思红、张英、张学军等。

由于水平所限，教材中难免存在疏漏之处，欢迎读者批评指正。

编者
2004 年 10 月

第二版前言

本书在《化工制图习题集》第一版（2005 年出版）的基础上修订而成，为《化工制图》第二版教材的配套用书，主要适用于高职高专化工、制药类专业的制图教学，也可作为其他相近专业以及成人教育和职业培训的教材或参考用书。

本次修订仍保持原教材的基本体系和特色，按照高职高专教育的培养目标，努力体现现代职教理念和专业特点，突出能力培养。同时，根据几年来使用本教材的学校教师的意见，对相关内容进行了增删和调整。修订后的主要内容包括制图基本知识、投影基础、基本体、组合体、图样画法、标准件和常用件、零件图、装配图、化工设备图及化工工艺图等。

本次修订追踪采用了最新的相关国家标准和行业标准。主要包括：表面结构的表示法、极限与配合、几何公差、钢制压力容器用封头、容器支座、补强圈等。

本书配有 Flash 课件，涵盖本书的全部习题，提供习题答案和必要的提示，还利用虚拟现实技术开发了习题集中涉及的全部三维模型库，为教师布置作业、作业讲评以及学生自学提供了极大方便，并将免费提供给采用本书作为教材的院校使用。如有需要，请发电子邮件至 cipedu@163.com 获取。

参加本书修订编写工作的有：董振柯、许春树、李乾伟、王勉、赵建军、梁红娥、胡晓琨、罗驰敏、孙庆唐、冀忠厚、冀利锋，全书由董振柯主编，由孙安荣主审。

由于水平所限，书中存在疏漏之处，欢迎读者批评指正。

编者

2010 年 3 月

目　　录

第一章　制图的基本知识

1-1　字体练习

工程图样机械化工国家标准图纸幅面比例图线尺寸标注正投影

三视图点线面基本形体六棱柱圆锥球截交相贯剖视断面局部放

大零件装配轴套轮盘叉架壳体螺纹齿轮滚动轴承弹簧技术要求

公差表面粗糙度材料化工设备工艺流程设计审核学校班级姓名

1234567890　　*1234567890*　　*1234567890*

班级＿＿＿＿＿＿　姓名＿＿＿＿＿＿　学号＿＿＿＿＿＿

1234567890

班　级＿＿＿＿＿＿＿　姓　名＿＿＿＿＿＿＿　学　号＿＿＿＿＿＿＿

1234567890

1234567890

班 级_____ 姓 名_____ 学 号_____

1-2 **图线练习** 抄画下面图形，尺寸直接量取。

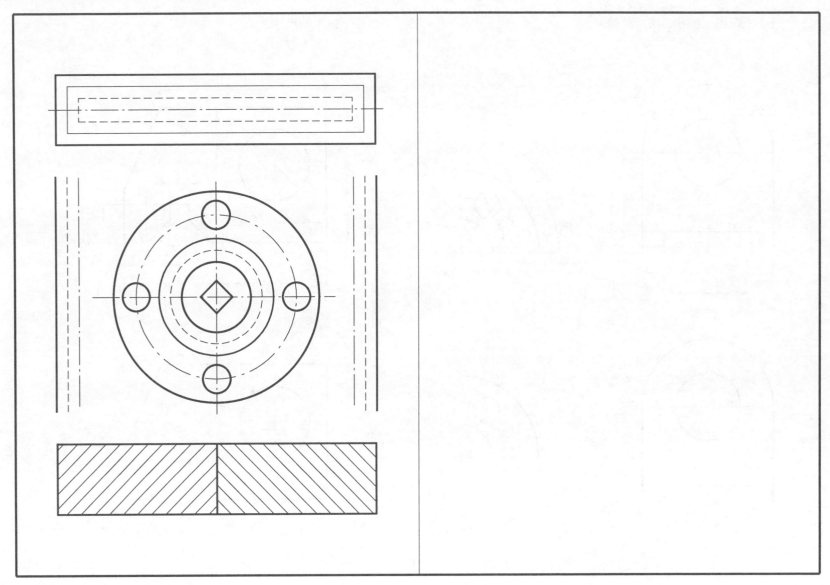

1. 改正下面图中尺寸注法上的错误。

2. 抄注下图中的尺寸。

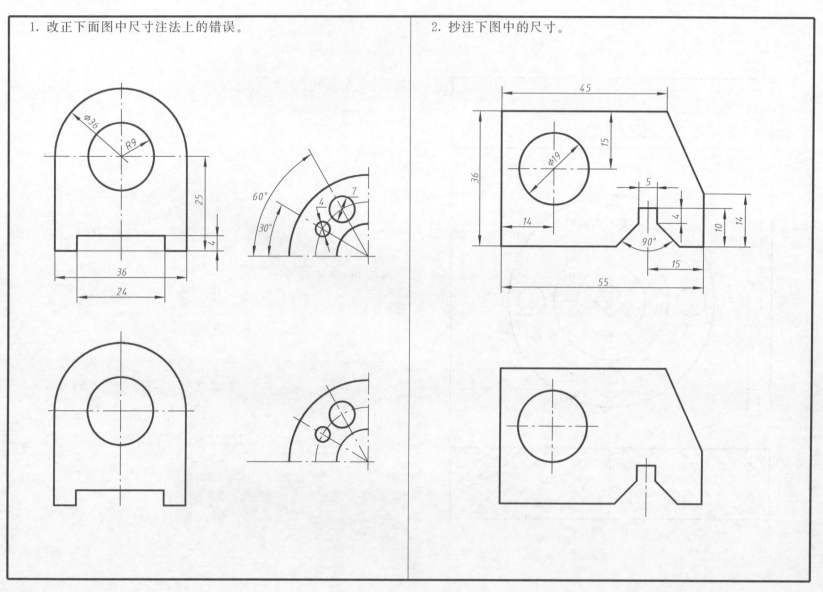

班级＿＿＿＿＿＿ 姓名＿＿＿＿＿＿ 学号＿＿＿＿＿＿

3. 标注下列图中圆或圆弧的尺寸（尺寸数值按 1:1 量取整数）。

4. 标注下列平面图形的尺寸（尺寸数值按 1:1 量取整数）。

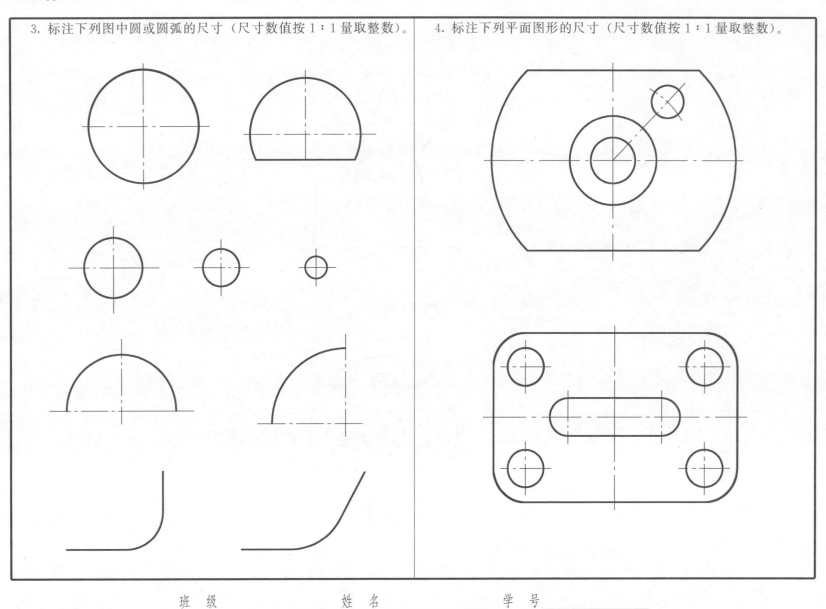

1. 分别用圆规和三角尺作下面圆的内接正六边形。

2. 按1:1比例画出下面图形。

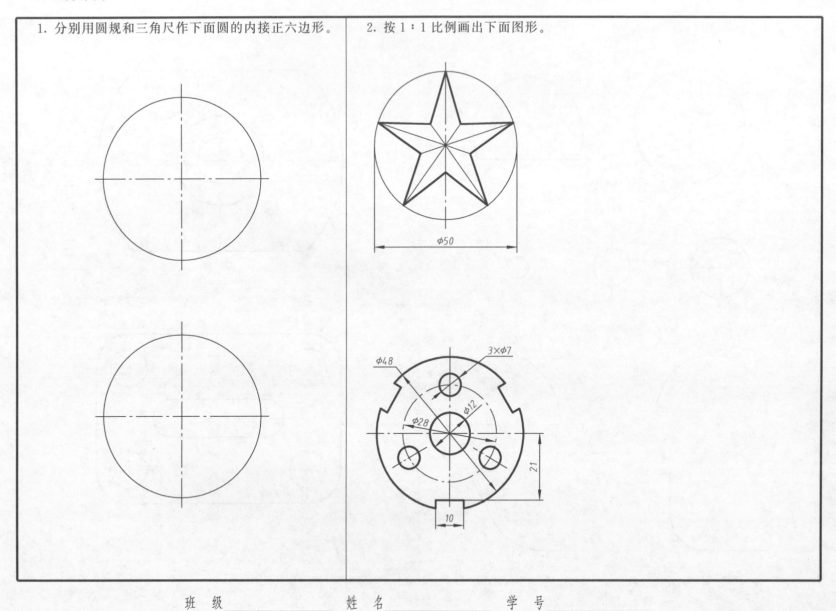

φ50

φ48 3×φ7 φ28 φ12 21 10

班级_____ 姓名_____ 学号_____

3. 按照图例和给定半径完成圆弧连接，标出连接弧圆心和连接点。

4. 采用四心法画一椭圆。已知长轴为80mm，短轴为60mm。

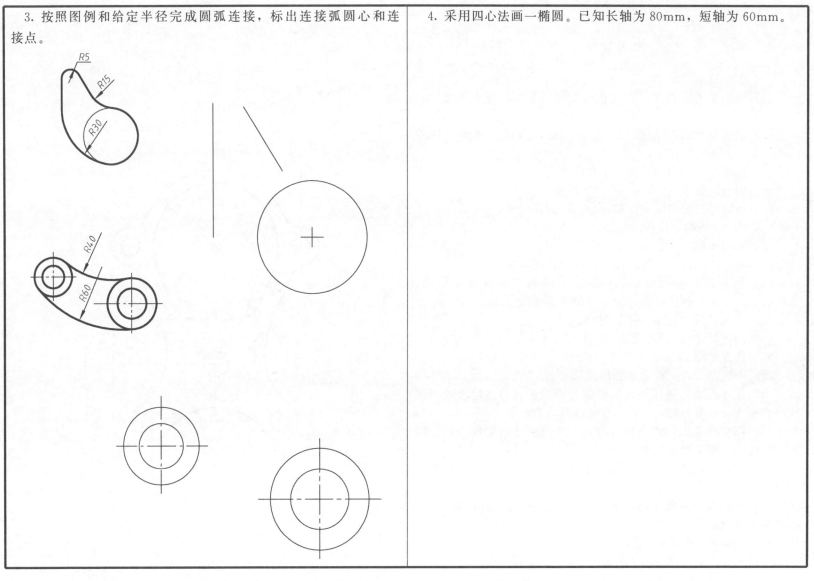

班级＿＿＿＿＿＿ 姓名＿＿＿＿＿＿ 学号＿＿＿＿＿＿

No 1　平面图形

作业指导书

一、作业目的

（1）训练绘图工具和仪器的正确使用，掌握尺规作图的一般步骤。

（2）熟悉常见线型的画法、尺寸注法以及图框和标题栏的画法。

（3）熟悉平面图形的分析方法和作图方法。

二、内容与要求

（1）按教师指定的题目绘制图形，并标注尺寸。

（2）用 A4 图幅，比例自定。

三、绘图步骤

（1）分析图中尺寸及线段性质，确定作图步骤。

（2）画底稿：①画图框和标题栏；②画基准线和定位线；③按已知线段、中间线段和连接线段的顺序作图。

（3）检查、校对底稿，描深图形。

（4）标注尺寸并填写标题栏。

四、注意事项

（1）布置图形时，要考虑到标注尺寸的位置。

（2）先画底稿后描深。画底稿应轻而准确，圆弧连接处的连接中心和连接点要准确找出，以保证连接光滑。

（3）描深时应做到线型符合规定，所有粗实线宽度一致，而各种细线的宽度是粗实线的 1/2。

（4）尺寸标注要完整、正确，字体、箭头要符合要求且大小一致。

（5）注意保持图面整洁，多余图线应擦去。点画线和尺寸界线出头不要过长。

1.

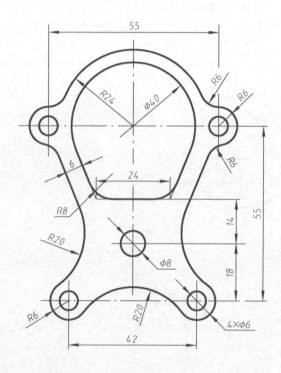

班　级＿＿＿＿＿＿＿　姓　名＿＿＿＿＿＿＿　学　号＿＿＿＿＿＿＿

2.

3.

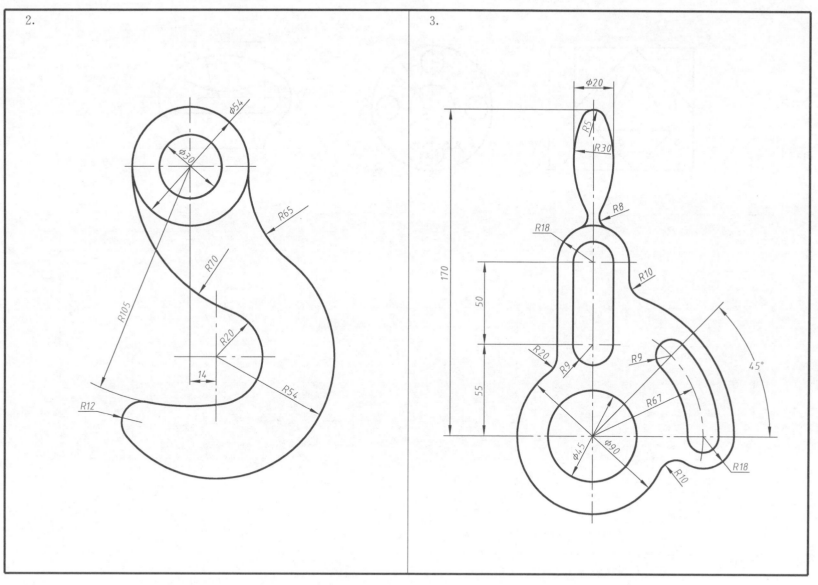

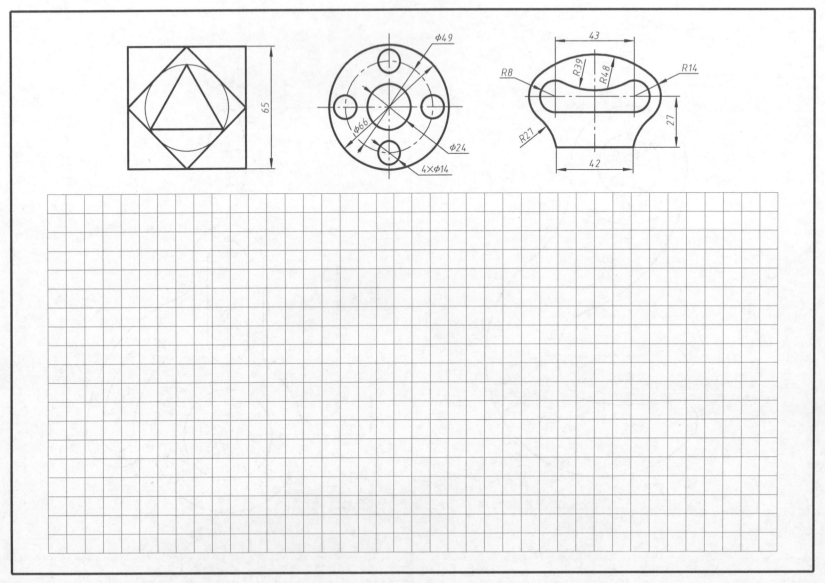

班 级_____ 姓 名_____ 学 号_____

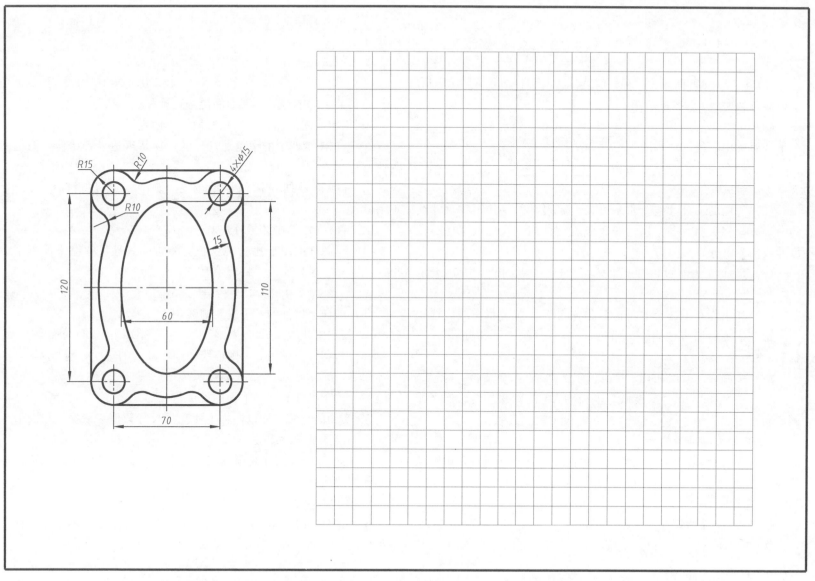

班　级＿＿＿＿＿＿＿　姓　名＿＿＿＿＿＿＿　学　号＿＿＿＿＿＿＿

1. 填空

(1) GB/T 14689—2008 的含义是 ＿＿＿＿＿＿＿＿＿＿＿＿＿＿

＿＿＿＿＿＿＿＿＿＿＿＿＿＿＿＿＿＿＿＿＿＿＿＿＿＿。

(2) 标准图纸幅面分＿＿＿种，留装订边时装订边 $a=$＿＿＿ mm，不留装订边时 A3 的图框边距 $e=$＿＿＿ mm。

(3) 可见轮廓线用＿＿＿＿＿表示，不可见轮廓线用＿＿＿＿＿表示，对称中心线、轴线用＿＿＿＿＿表示。

(4) 一个完整的尺寸一般由＿＿＿＿、＿＿＿＿、＿＿＿＿、＿＿＿＿组成。

(5) 一般的，尺寸线为水平方向时，尺寸数字注写在尺寸线的＿＿＿方，字头向＿＿＿；尺寸线为竖直方向时，尺寸数字注写在尺寸线的＿＿＿方，字头向＿＿＿。

(6) 尺寸数字前冠以"ϕ"表示＿＿＿＿＿尺寸；"R"表示＿＿＿＿＿尺寸；"$S\phi$"表示＿＿＿＿＿＿尺寸。

(7) 如果你有 HB、2B 和 2H 三种铅笔，描深粗实线应选用＿＿＿铅笔，画底稿应选用＿＿＿铅笔，描深细线、写字应选用＿＿＿铅笔。

(8) 一圆弧与直线相切，切点位于＿＿＿＿＿＿＿＿＿＿。

(9) 一半径为 R 的连接弧与半径为 $R1$ 的圆相外切，连接弧圆心轨迹半径为＿＿＿＿＿。

(10) 尺寸基准指的是＿＿＿＿＿＿＿＿＿＿＿＿。

(11) 一图形若包含已知线段、中间线段和连接线段，画图顺序应是先画＿＿＿＿＿，再画＿＿＿＿＿，最后画＿＿＿＿＿。

2. 选择

(1) A3 幅面的尺寸（$B×L$）是＿＿＿。

A. 594×841　　B. 420×594　　C. 297×420　　D. 210×297

(2) 留装订边的 A3 幅面的装订边尺寸（a）和其余三边（c）的尺寸是＿＿＿。

A. $a=25$，$c=10$　　　　　　B. $a=25$，$c=5$

C. $a=10$，$c=5$　　　　　　D. $a=20$，$c=10$

(3) 关于对中符号，下面的说法正确的是＿＿＿。

A. 用粗实线绘制，长度依幅面大小而定。

B. 画在图纸四边的中点处，长度一律从纸边界开始伸入图框内 5mm。

C. 对中符号伸入标题栏范围时，则伸入标题栏部分省略不画。

D. 对中符号仅在必要时画出。

(4) 一图样的图形比其实物相应要素的线性尺寸缩小一半画出，该图样标题栏比例一栏应填写＿＿＿。

A. 1∶2　　B. 2∶1　　C. 0.5∶1　　D. 1∶0.5

(5) 图样上机件的不可见轮廓线用＿＿＿表示。

A. 细点画线　　B. 粗点画线　　C. 细实线　　D. 虚线

(6) 粗实线宽度为 d，则虚线和细点画线的宽度分别为＿＿＿。

A. d，$0.5d$　　B. $0.5d$，d　　C. d，d　　D. $0.5d$，$0.5d$

(7) 关于尺寸标注，下面的说法错误的是＿＿＿。

A. 实物的真实尺寸以图样上所注的尺寸数值为依据，与图形的大小和绘图准确度无关。

B. 尺寸界线和尺寸线用细实线绘制，可以单独画出，也可以用其他图线代替。

C. 角度尺寸数字一律水平注写。

D. 图中尺寸以 mm 为单位时，只注写尺寸数字，不用注写计量单位的代号和名称。

班级＿＿＿＿＿＿　姓名＿＿＿＿＿＿　学号＿＿＿＿＿＿

（8）尺寸线垂直时，尺寸数字应标注在尺寸线的____。

A. 左方，字头向左　　　　B. 左方，字头向右

C. 右方，字头向左　　　　D. 右方，字头向右

（9）圆的半径为 15mm，下面图形中注法正确的是____。

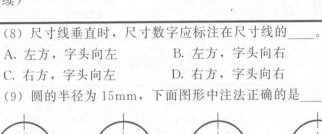

（10）下面图形中，尺寸标注有错误的是____。

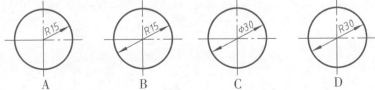

（11）下面图形中尺寸标注不正确的是____。

（12）下面四个图形中，丁字尺用法不正确的有____。

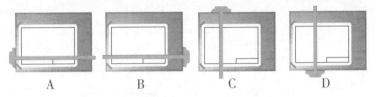

（13）画铅垂方向直线时，丁字尺和三角板的正确摆放方法是____。

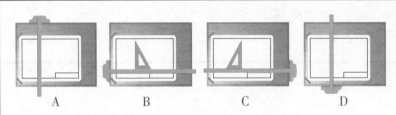

（14）关于丁字尺的用法，下面的说法错误的是____。

A. 绘图时丁字尺的尺头内侧应贴紧图板的左边（导边）

B. 绘图时丁字尺的尺头内侧应贴紧图板的任一边

C. 水平方向的直线直接用丁字尺画出

D. 铅垂方向直线不能用丁字尺直接画出

（15）关于画图的先后顺序，下面的描述不正确的是____。

A. 先画底稿后描深，画底稿时不分粗细，一律细铅轻画

B. 画底稿时应先画出图框和标题栏，然后在有效空间内布置图面画图形

C. 画图形时应先画基准线

D. 先用粗实线画出图框，再画其他内容

（16）在教材图 1-19 手柄轮廓图中，属于连接线段的圆弧是____。

A. R10 圆弧　B. R12 圆弧　C. R50 圆弧　D. R15 圆弧

（17）在教材图 1-19 手柄轮廓图中，属于中间线段的圆弧是____。

A. R10 圆弧　　　　　　B. R12 圆弧

C. R50 圆弧　　　　　　D. R15 圆弧

（18）教材图 1-19 手柄轮廓图各圆弧的画图顺序应为____。

A. R15→R12→R50→R10　B. R15→R10→R50→R12

C. R10→R50→R12→R15　D. R15→R10→R12→R50

第二章 投影基础

2-1 点的投影

1. 作点 A（30，20，15）的三面投影。

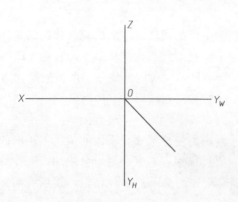

2. 已知点 A、B、C 的两面投影，求作第三面投影。

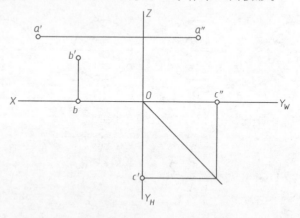

3. 比较点 A、B 两点的相对位置。

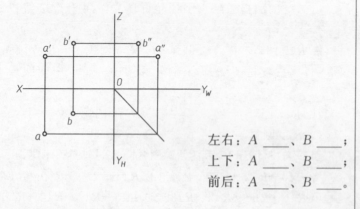

左右：A ____、B ____ ；

上下：A ____、B ____ ；

前后：A ____、B ____ 。

4. 已知 B 点在 A 点的右 5mm、下 12mm、后 10mm 处，求作 B 点的三面投影。

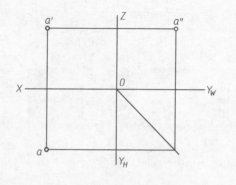

班级_____ 姓名_____ 学号_____

5. 根据（1）图中的轴测图，在（2）图中作出点 D 的三面投影。C 点比 D 点的 X、Y 坐标增大一倍，Z 坐标减小一半，在（3）图中作出 C 点的轴测图，并写出点 C 的坐标（取整数）。

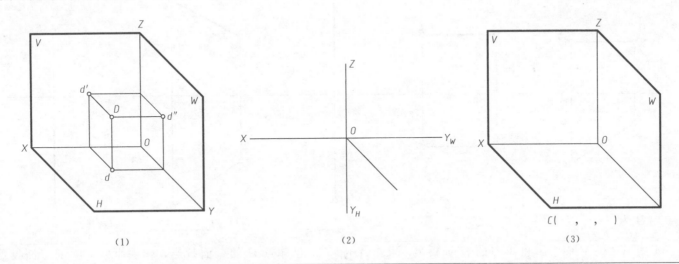

（1）　　　　　　　　　　　（2）　　　　　　　　　　　（3）

6. 已知点 A（10，20，15）、点 B（25，20，15），作出 A、B 两点的三面投影和轴测图。

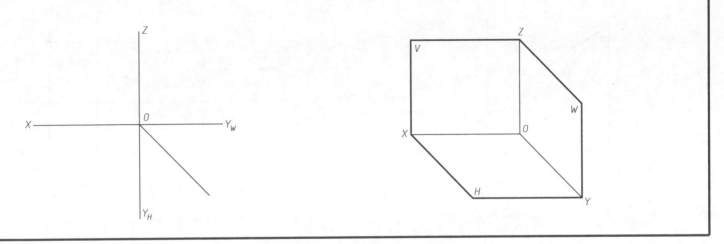

1. 判别直线相对于投影面的位置，并填写名称。

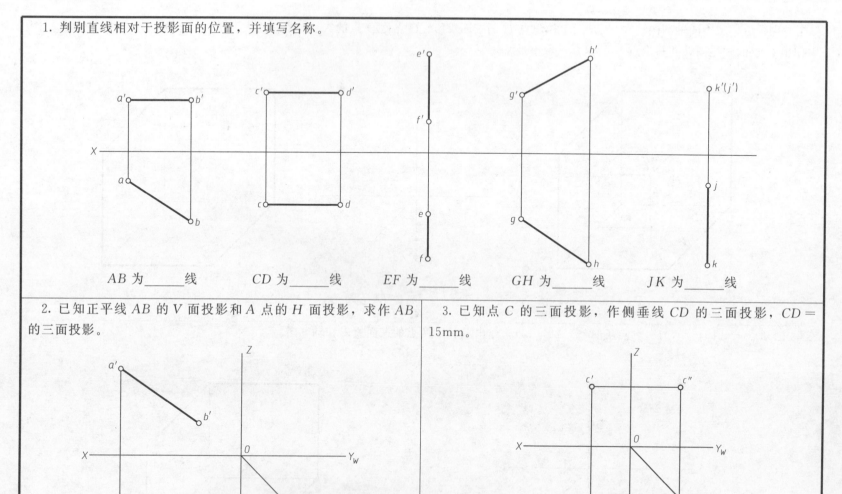

AB 为＿＿＿线　　　CD 为＿＿＿线　　　EF 为＿＿＿线　　　GH 为＿＿＿线　　　JK 为＿＿＿线

2. 已知正平线 AB 的 V 面投影和 A 点的 H 面投影，求作 AB 的三面投影。

3. 已知点 C 的三面投影，作侧垂线 CD 的三面投影，CD＝15mm。

班 级＿＿＿＿＿　　　姓 名＿＿＿＿＿　　　学 号＿＿＿＿＿

4. 求作下列直线的第三投影，并作出直线上一点的另两面投影。

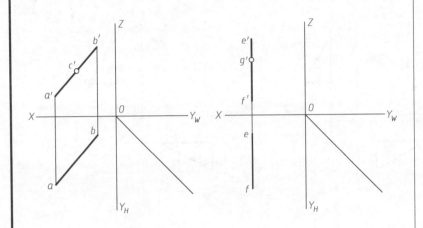

5. 判别点 C 是否在直线 AB 上。

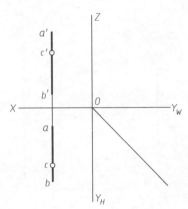

点 C ____直线 AB 上

6. 求作 AB 上的 C 点和 EF 上的 G 点的三面投影，已知 C 点距 H 面为 10，EG＝13。

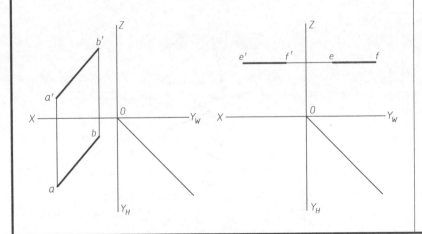

7. 已知直线 AB 的两个投影，试求 AB 上一点 F，F 点离 H 和 V 面距离相等。

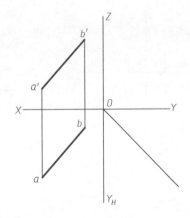

1. 判断下列平面为何种位置平面。

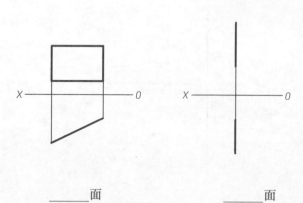

_____面

_____面

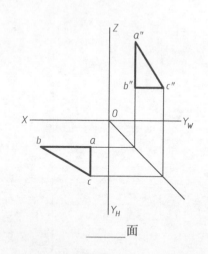

_____面

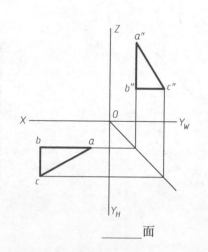

_____面

2. 补画平面的第三投影。

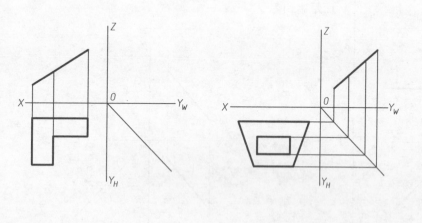

3. 补画平面的第三投影，并作出平面内点 K 的其他投影。

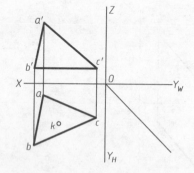

班级_____ 姓名_____ 学号_____

2-3（续）

4. 通过作图判别点 K 是否在平面 ABC 上。

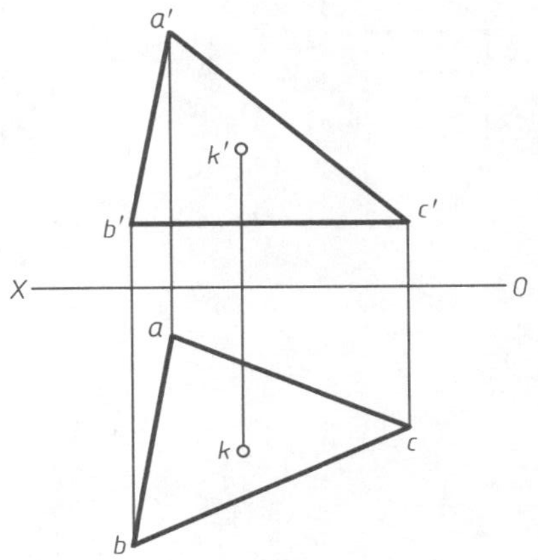

K ＿＿＿ 平面 ABC 上

5. 已知点 K 属于 △ABC 平面，完成 △ABC 的正面投影。

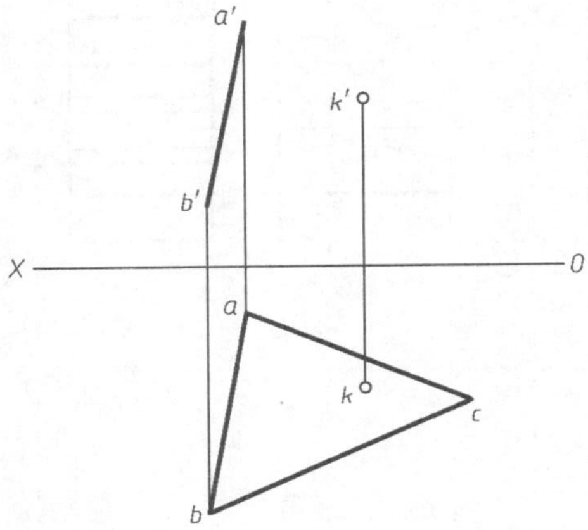

6. 在 △ABC 内作出正平线 CD 和水平线 BE。

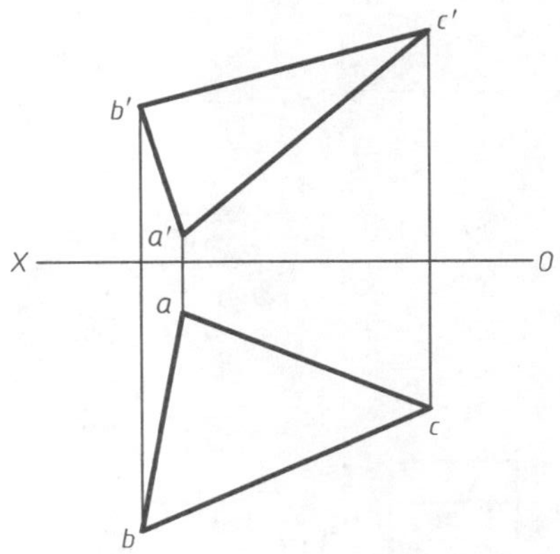

7. 求平面内 "A" 字的水平投影。

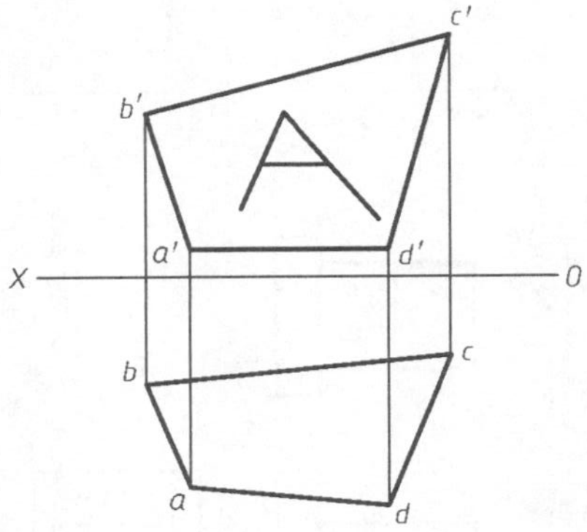

1. 读下列三视图，找出对应的立体图形。

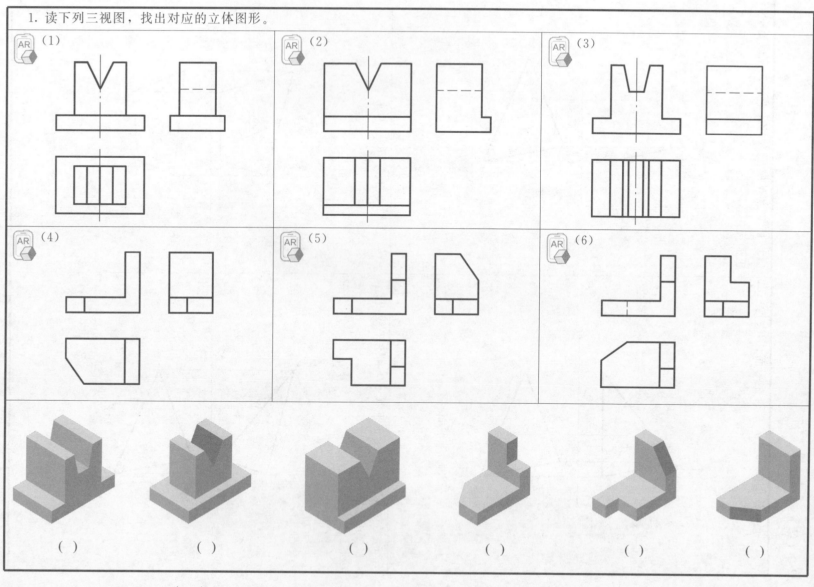

班级＿＿＿＿＿＿　姓名＿＿＿＿＿＿　学号＿＿＿＿＿＿

2. 已知两视图，补画第三视图（轴测图仅供参考）。

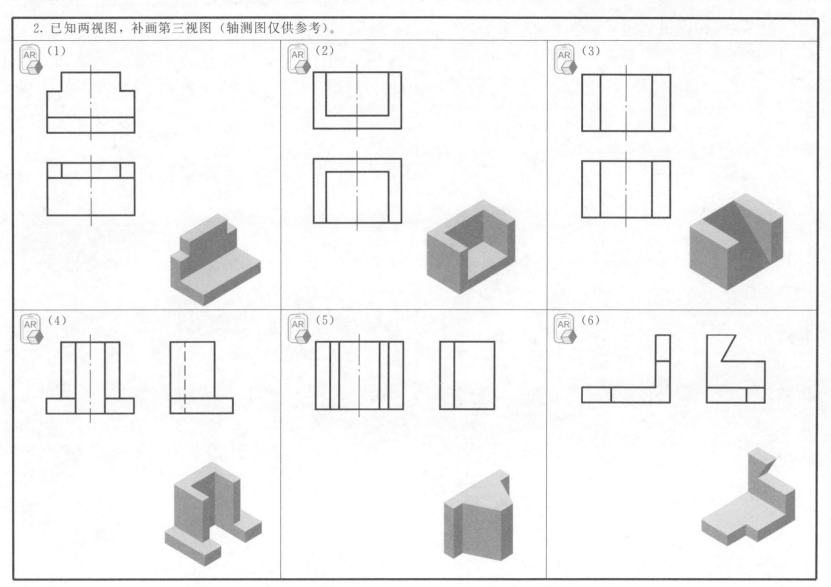

（1）　（2）　（3）

（4）　（5）　（6）

3. 根据轴测图画三视图（尺寸从轴测图上直接量取）。

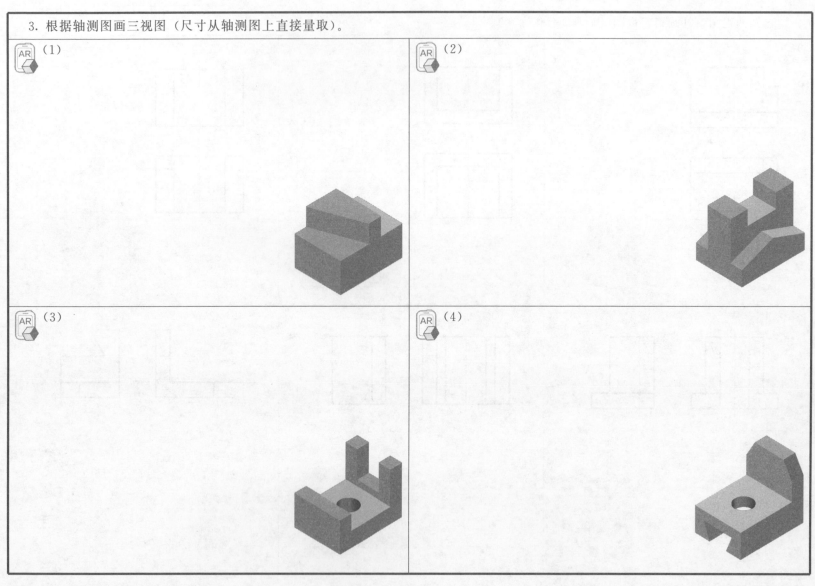

（1）

（2）

（3）

（4）

班级＿＿＿＿＿＿ 姓名＿＿＿＿＿＿ 学号＿＿＿＿＿＿

1. 填空

(1) 投影法分为____投影法和平行投影法，平行投影法又分为____投影法和____投影法。

(2) 正投影法的投射线相互_____，投射线与投影面____。

(3) 直线平行于投影面，投影_____，垂直于投影面，投影_____；平面_____于投影面，投影反映实形，_____于投影面，投影积聚为直线。

(4) 三面投影体系的三个投影面称为_____、_____、_____，分别用字母____、____、____表示。

(5) A 点的 V 面投影记作____，H 面投影记作____，W 面投影记作____。

(6) 一点的 V 面和 H 面投影连线必垂直于____轴，____面和____面投影连线必垂直于 OZ 轴，H 面投影到 OX 轴的距离必等于____面投影到____轴的距离。

(7) 点的 X 坐标反映空间点到____投影面的距离，Y 坐标反映空间点到____投影面的距离，Z 坐标反映空间点到____投影面的距离。

(8) 点的 V 面投影反映该点的____坐标和____坐标，H 面投影反映该点的____坐标和____坐标，W 面投影反映该点的____坐标和____坐标。

(9) 点的____面和____面投影反映该点的 X 坐标，点的____面和____面投影反映该点的 Y 坐标，点的____面和____面投影反映该点的 Z 坐标。

(10) A 点在 B 点的正前方，二点的____坐标和____坐标相同，它们的____面投影具有重影性，____点可见，____点不可见。

(11) 直线垂直于某一个投影面，必与另外二投影面_____，这类直线称为投影面____线。投影面平行线平行于某一投影面，而与另外二投影面_____。

(12) 三种投影面平行线分别称为_____、_____、_____；三种投影面垂直线分别称为_____、_____、_____。

(13) 侧平线与 V 面_____，与 H 面_____，与 W 面_____。其____面投影反映实长，另外二投影不反映实长但均垂直于____轴。

(14) 同时平行于 H 面和 W 面的直线称为_____线，其 V 面投影_____，H 面投影反映实长且垂直于____轴，W 面投影反映实长且垂直于____轴。

(15) 投影面平行面平行于某一投影面，与另外二投影面_____；投影面垂直面垂直于某一投影面，与另外二投影面_____。

(16) 三种投影面平行面分别称为_____、_____、_____；三种投影面垂直面分别称为_____、_____、_____。

(17) 同时垂直于 H 面和 W 面的平面称为_____面，其____面投影反映实形，另外二投影_____。

(18) 侧垂面与 V 面____，与 H 面____，与 W 面____。其____面投影积聚为直线。

(19) 主视图反映形体的____度和____度，俯视图反映形体的____度和____度，左视图反映形体的____度和____度。

(20) ____视图和____视图都反映形体的长度，____视图和____视图都反映形体的宽度，____视图和____视图都反映形体的高度。

(21) "三等"规律指的是主视图和俯视图_____，主视图和左视图_____，俯视图和左视图_____。

(22) ____视图和____视图都反映形体的左右关系，____视图和____视图都反映形体的上下关系，____视图和____视图都反映形体的前后关系。

2. 选择

(1) 投射线相互平行的投影法称为____。

A. 中心投影法　B. 平行投影法　C. 正投影法　D. 斜投影法

(2) ____能完整、准确地表示物体的真实形状和大小，度量性好且作图简便，在工程图样中被广泛应用。

A. 透视投影图　　　　　　　　B. 正轴测图

C. 多面正投影图　　　　　　　D. 斜轴测图

(3) 当直线倾斜于投影面时，直线在该投影面上的投影____。

A. 反映实长　　　　　　　　　B. 积聚成一个点

C. 为一条直线，长度变短

D. 为一条直线，长度可能变短，也可能变长

(4) 当平面平行于投影面时，平面在该投影面上的投影____。

A. 反映实形　　　　　　　　　B. 积聚成一条直线

C. 为一形状类似但缩小了的图形　D. 积聚成一条曲线

(5) 点的 x 坐标表示空间点到____的距离。

A. V 面　　B. H 面　　C. W 面　　D. OX 轴

(6) 点的 V 面投影不能反映该点的____坐标。

A. x　　　　B. y　　　　C. z　　　　D. x 和 z

(7) 点的 x 坐标越大，其位置越靠____。

A. 左　　　B. 右　　　C. 前　　　D. 后

(8) 已知点 A （30，20，15），B （40，20，15），C （30，20，10），D （40，10，15）。上述四点中在 W 投影面上重影的点是____。

A. 点 C 与点 D （点 D 不可见）　B. 点 A 与点 B （点 B 不可见）

C. 点 A 与点 D （点 A 不可见）　D. 点 A 与点 B （点 A 不可见）

(9) 已知三点 A （50，40，15），B （20，45，30），C （45，18，37），三点从高到低的顺序是____。

A. A、B、C　B. A、C、B　C. C、B、A　D. B、C、A

(10) 点的水平投影和侧面投影，共同反映的坐标是____。

A. x 坐标　B. y 坐标　C. z 坐标　D. y 和 z 坐标

(11) 关于直线的投影，下列叙述中正确的是____。

A. 直线的投影必定是直线

B. 必须要有直线的三个投影，才能决定直线的空间位置

C. 空间直线在投影平面上的投影一般为直线，特殊情况下可能在两个投影面上都反映为一点（即有重影点）

D. 直线的投影一般为直线，特殊情况下可能（只能在一个投影平面上）成为一点

(12) 直线与 V 和 H 面平行，该直线属于____。

A. 正平线　　　　B. 水平线　　　　C. 侧平线　　　　D. 侧垂线

(13) 已知直线 AB 两端点的坐标是 A （45，60，30），B （45，5，30），则此直线应是____。

A. 铅垂线　B. 正垂线　C. 水平线　D. 一般位置直线

(14) 正平线在____面上的投影反映实长。

A. V　　　　B. H　　　　C. W　　　　D. H 和 W

(15) 水平面在____面上的投影反映实形。

A. V　　　　B. H　　　　C. W　　　　D. V 和 W

(16) 侧面投影积聚成一条直线的平面是____。

A. 正垂面　B. 铅垂面　C. 侧垂面　D. 侧平面

(17) 正垂面与____投影面既不平行，也不垂直。

A. V 和 H　　B. H 和 W　　C. W 和 V　　D. V

(18) ____在 V 和 H 面上的投影均积聚成直线。

A. 正平面　B. 水平面　C. 侧平面　D. 侧垂面

(19) 由左向右投射所得的视图，称为____。

A. 主视图　　　B. 俯视图　　C. 左视图　　　D. 右视图

(20) 俯视图和左视图应满足____。

A. 长对正　　B. 高平齐

C. 宽相等　　D. 长对正、高平齐

(21) 主视图反映物体的____关系。

A. 前后　　　　　　　　　　B. 左右、前后

C. 前后、上下　　　　　　　D. 上下、左右

第三章 基 本 体

3-1 平面立体 补画立体的第三视图，并由其表面上点的一个投影作出另外二投影。

3-2 **回转体** 由回转体表面上点的一个投影求作另外二投影。

1. 求作左视图。

（1）

（2）

（3）

2. 补全俯视图、左视图中缺漏的图线。

（1）

（2）

（3）

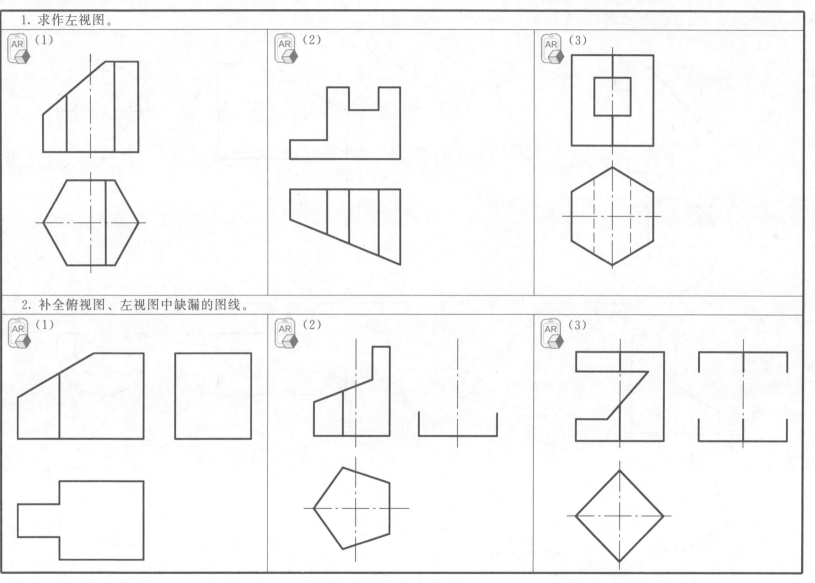

班级＿＿＿＿＿＿ 姓名＿＿＿＿＿＿ 学号＿＿＿＿＿＿

3. 分析回转体的截交线，完成三视图。

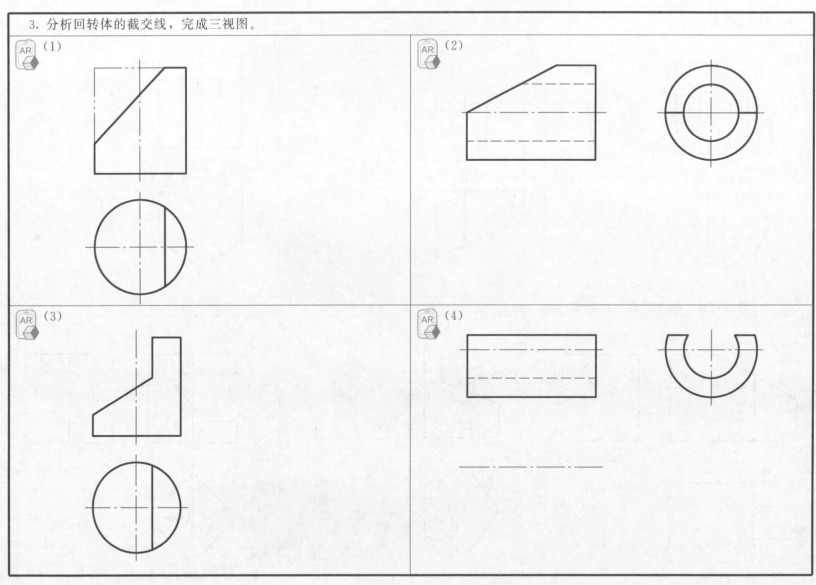

（1）

（2）

（3）

（4）

班 级＿＿＿＿＿ 姓 名＿＿＿＿＿ 学 号＿＿＿＿＿

3-3（续）

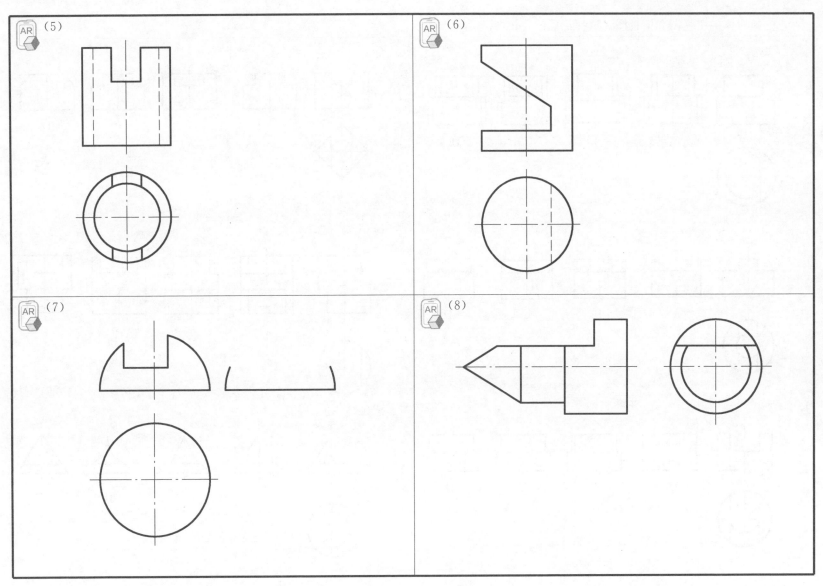

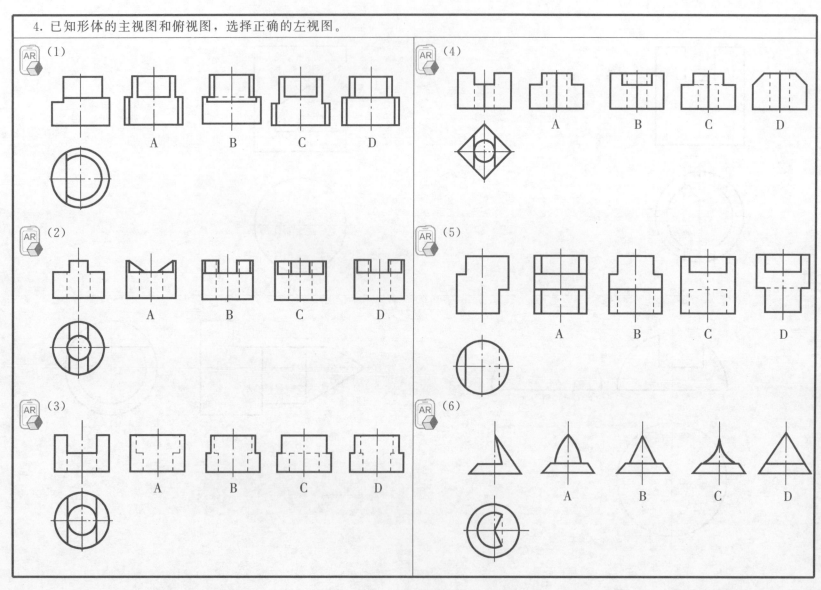

4. 已知形体的主视图和俯视图，选择正确的左视图。

（1）　　A　B　C　D

（2）　　A　B　C　D

（3）　　A　B　C　D

（4）　　A　B　C　D

（5）　　A　B　C　D

（6）　　A　B　C　D

2.

4.

1.

3.

班级_____ 姓名_____ 学号_____

1. 画出下列平面立体的正等测图，并补第三视图。

（1）

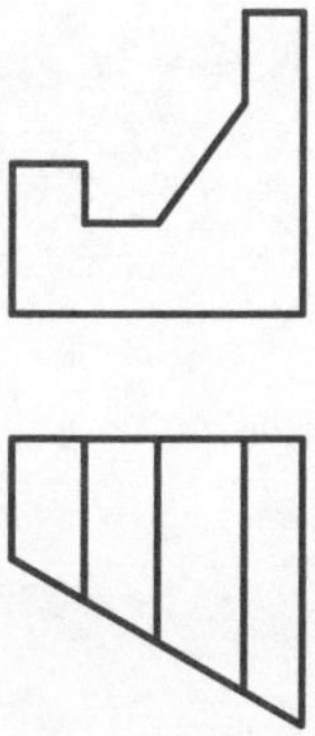

（2）

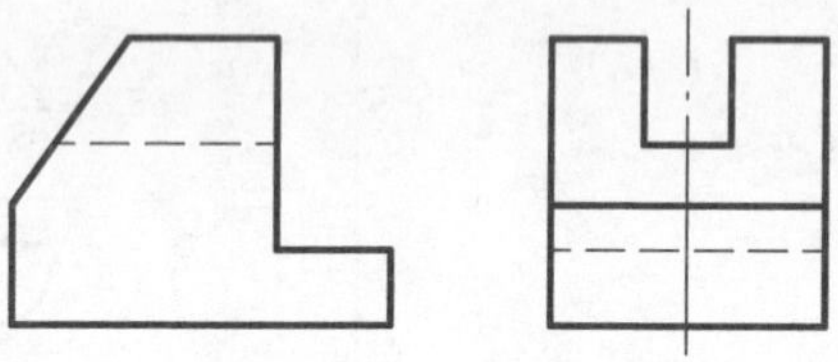

（3）

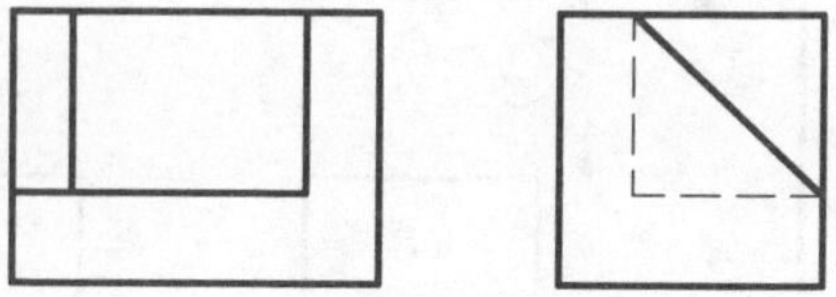

班级_____ 姓名_____ 学号_____

2. 分别画出平行于 H、V、W 面圆的正等测投影，设圆的直径为 50mm。

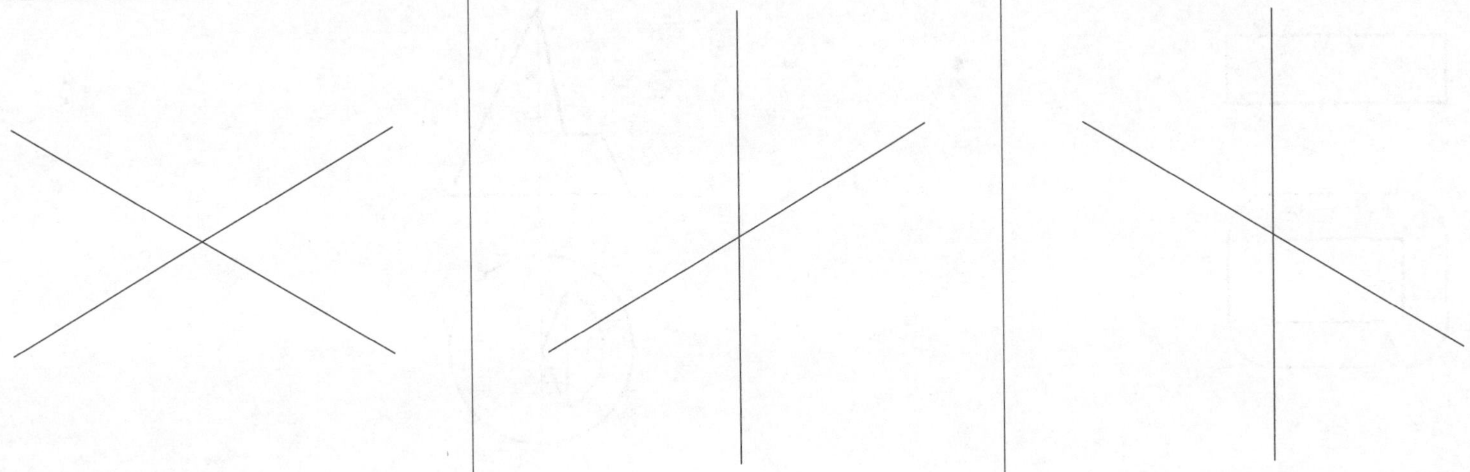

3. 画出下列立体的正等测图。

(1)

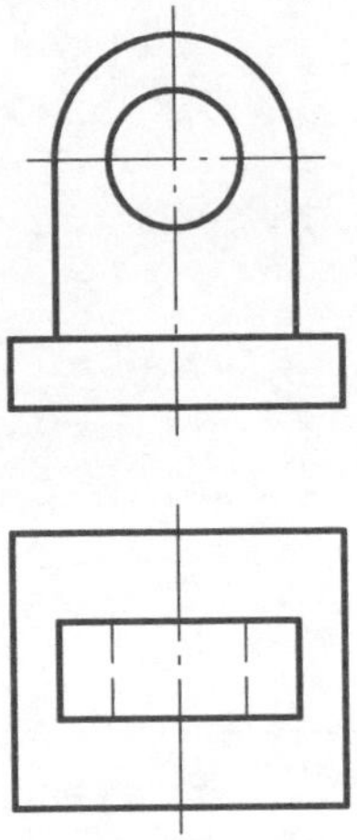

(2)

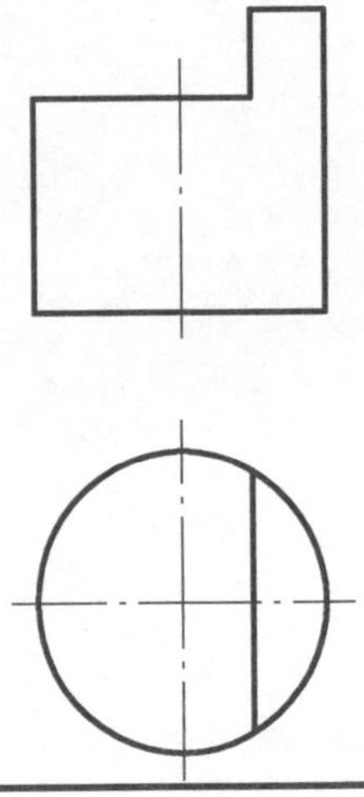

班　级＿＿＿＿＿＿　姓　名＿＿＿＿＿＿　学　号＿＿＿＿＿＿

（3）

（4）

4. 画出下面形体的斜二测图。

（1）

（2）

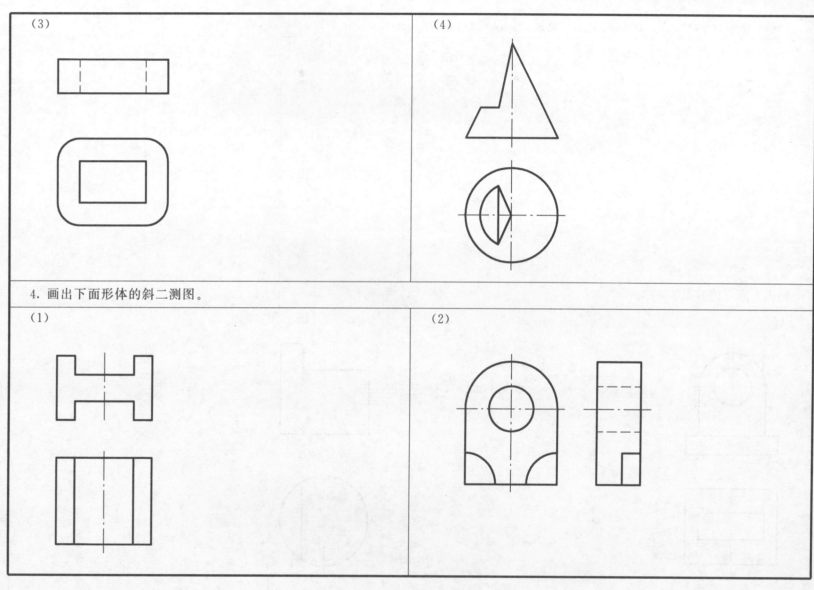

班级＿＿＿＿＿＿　姓名＿＿＿＿＿＿　学号＿＿＿＿＿＿

第四章 组 合 体

4-1 相切和相交 分析下面各形体的相切、相交情况，补画视图中的漏线。

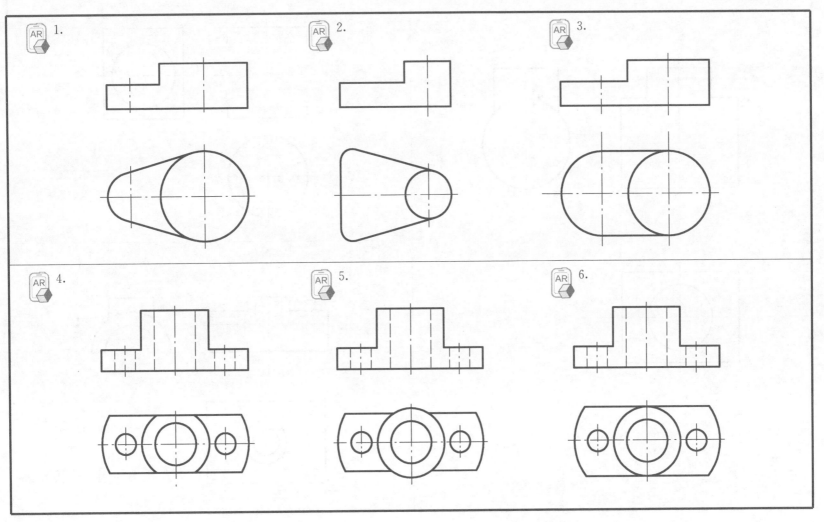

1. 利用体表面求点方法，求作二圆柱的相贯线。

2. 分析并正确画出相贯线的投影。二圆柱正交时采用近似画法。

（1）

（2）

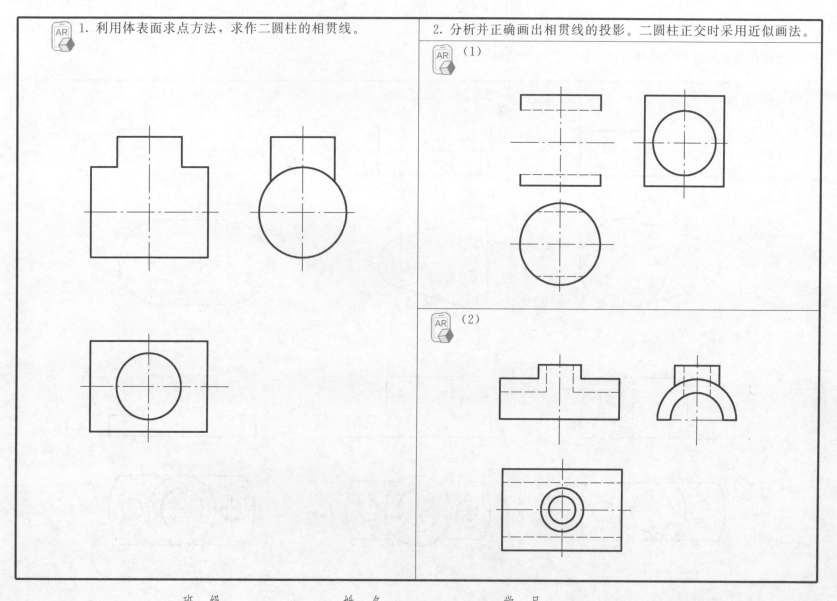

班级＿＿＿＿＿＿　姓　名＿＿＿＿＿＿　学　号＿＿＿＿＿＿

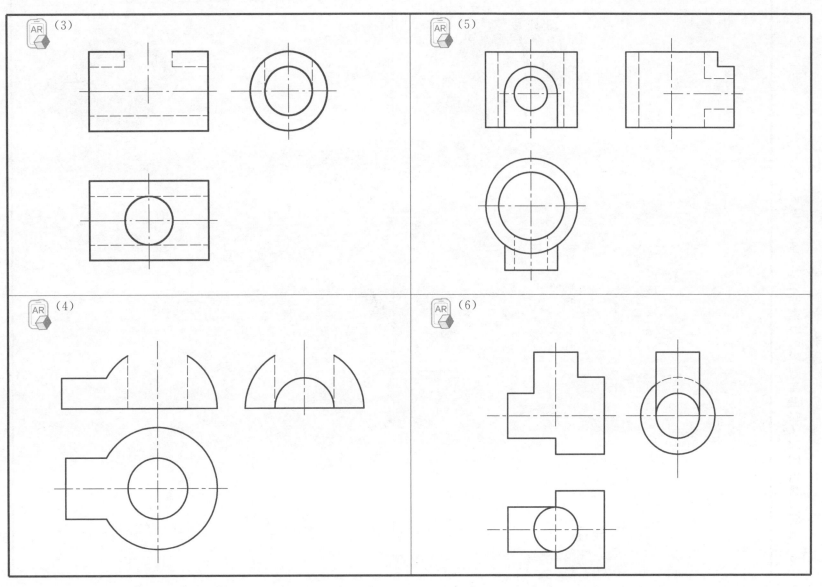

（3）
（4）
（5）
（6）

班 级_____ 姓 名_____ 学 号_____

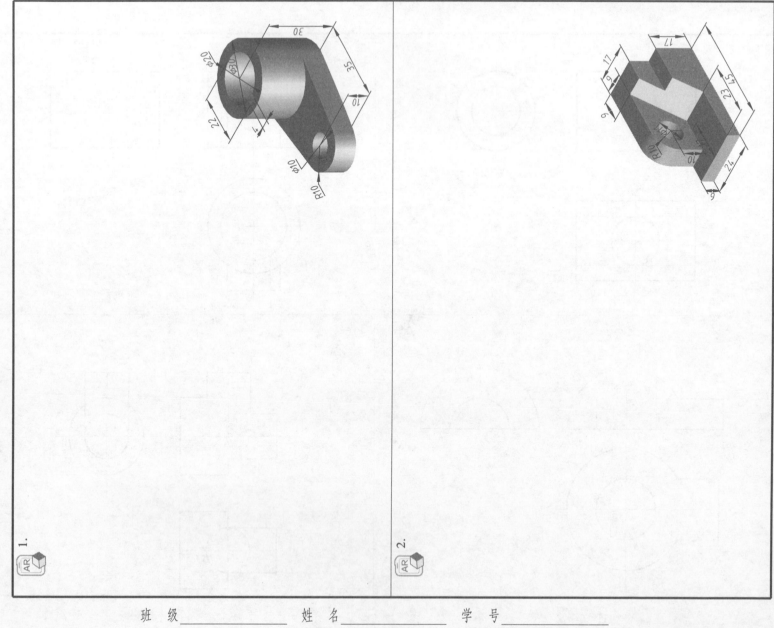

4-3 **画组合体三视图** 根据轴测图，分析组合体的组合形式，按 1 : 1 的比例绘制三视图。

1.

2.

3.

4.

4-3（续）

1. 标注形体的尺寸（尺寸直接从图中量取）。

2. 检查下面形体的尺寸的完整性，补出遗漏的尺寸。

（1）

（2）

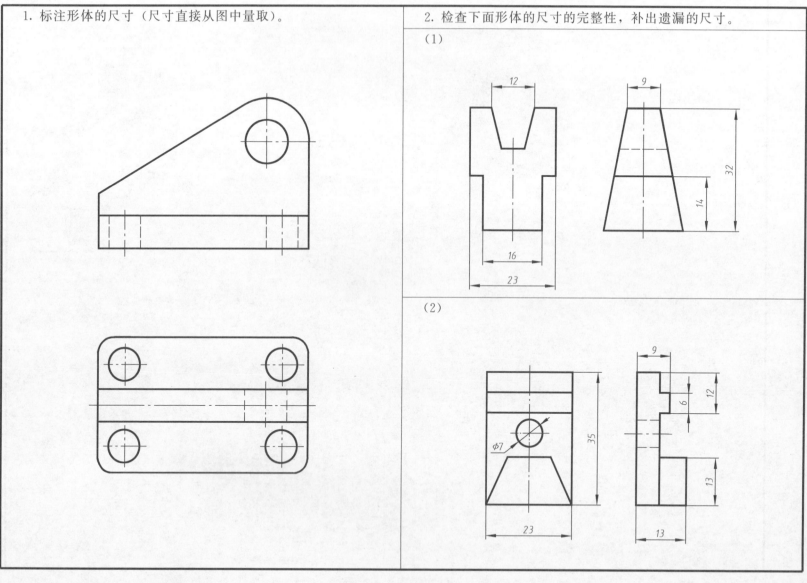

3. 指出视图中重复尺寸（打叉），并补出遗漏尺寸（不注尺寸数字）。

（1）

（2）

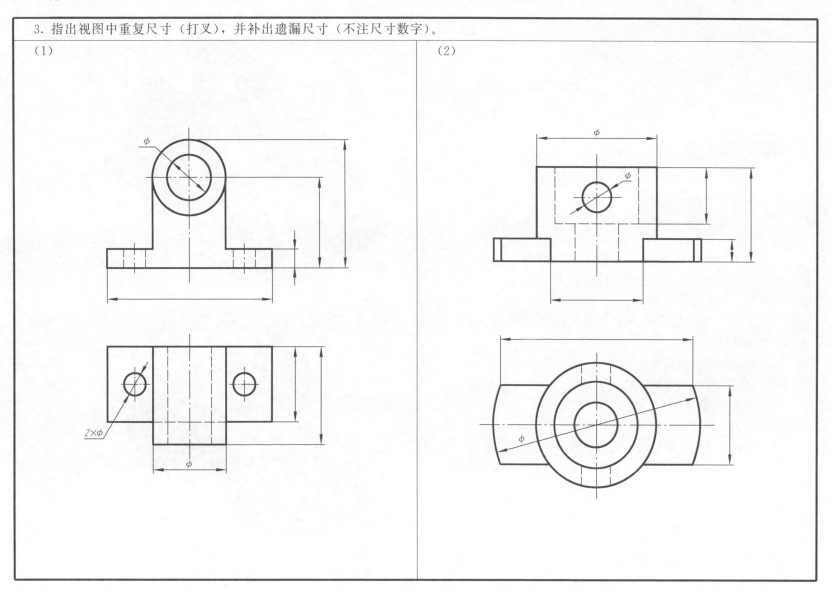

No 2　组合体

作业指导书

一、作业目的

(1) 掌握根据模型（或轴测图）画组合体三视图的方法，提高绘图技能。

(2) 练习组合体视图的尺寸注法。

二、内容与要求

(1) 根据模型（或轴测图）画三视图。

(2) 标注尺寸。

(3) 图幅、比例自定。

三、作图步骤

(1) 运用形体分析法分析组合体，搞清各组成部分的形状、连接形式和相对位置。

(2) 选取主视图的投射方向，所选主视图应最明显地表达形体的形状特征。

(3) 画三视图，先画底稿后描深。

(4) 标注尺寸，填写标题栏。

四、注意事项

(1) 布置视图时，要留出标注尺寸的位置。

(2) 标注尺寸应做到正确、完整、清晰。

(3) 保证图面质量，线型、字体、箭头要符合要求，多余图线要擦去。

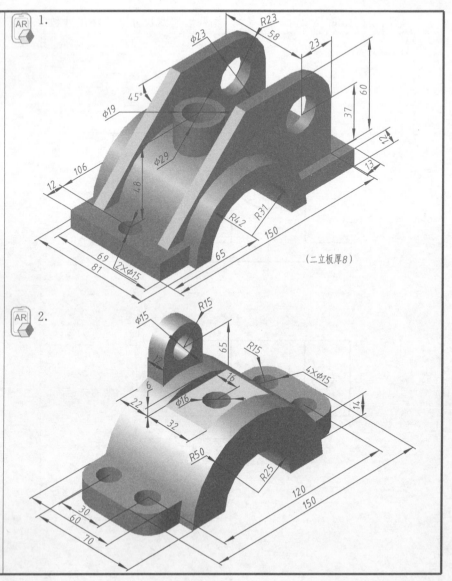

(二立板厚8)

班级_____ 姓名_____ 学号_____

1. 判别下列图中所指线框是什么面（如正平面、侧垂面、圆柱面等），并比较相对位置。

（1）

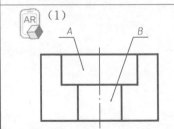

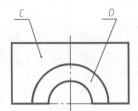

A 是＿＿＿＿面；
D 是＿＿＿＿面；
A 面在 B 面之＿＿＿（前、后）；
C 面在 D 面之＿＿＿（上、下）。

（2）

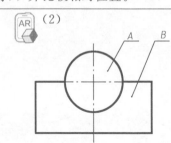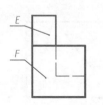

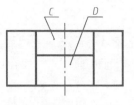

E 是＿＿＿＿面；F 是＿＿＿＿面；
A 面在 B 面之＿＿＿（前、后）；
C 面在 D 面之＿＿＿（上、下）；
E 面在 F 面之＿＿＿（左、右）。

（3）

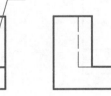

A 是＿＿＿＿面；
D 是＿＿＿＿面；
A 面在 B 面之＿＿＿（前、后）；
C 面在 D 面之＿＿＿（上、下）。

（4）

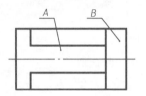

A 是＿＿＿＿面；
C 是＿＿＿＿面；D 是＿＿＿＿面；
A 面在 B 面之＿＿＿（上、下）；
C 面在 D 面之＿＿＿（左、右）。

2. 判断下列图中所指线框代表的面的前后或高低位置关系，想出形体空间形状，补画第三视图。

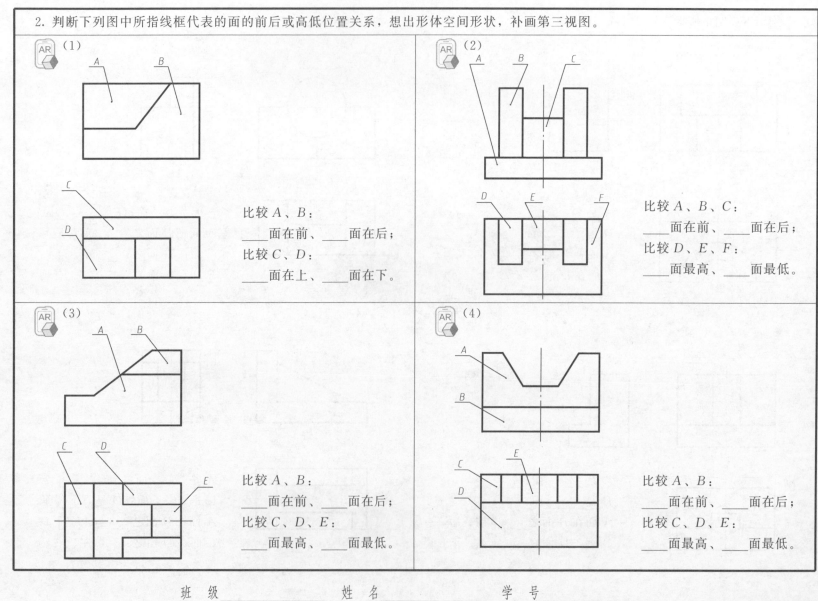

（1）

比较 A、B：
___面在前、___面在后；
比较 C、D：
___面在上、___面在下。

（2）

比较 A、B、C：
___面在前、___面在后；
比较 D、E、F：
___面最高、___面最低。

（3）

比较 A、B：
___面在前、___面在后；
比较 C、D、E：
___面最高、___面最低。

（4）

比较 A、B：
___面在前、___面在后；
比较 C、D、E：
___面最高、___面最低。

3. 已知形体的主视图和俯视图，选择正确的左视图。

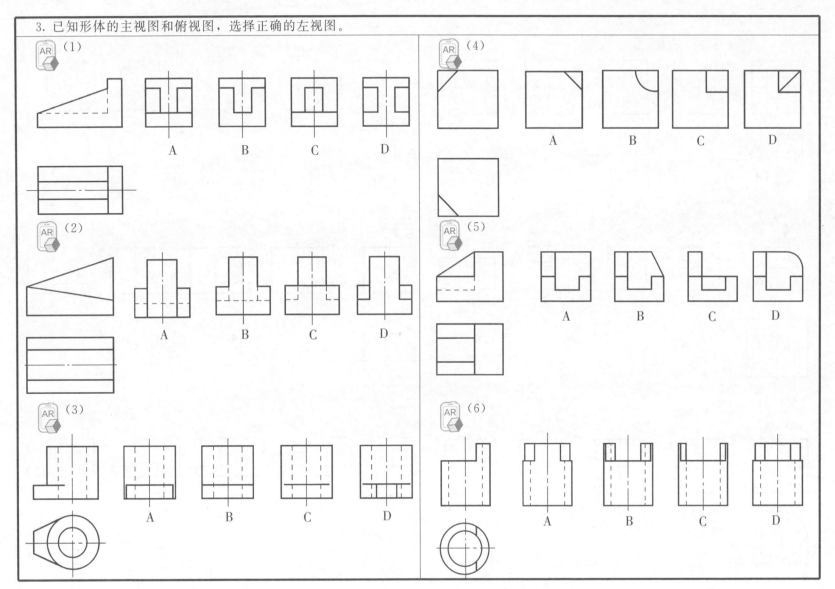

（1）

A B C D

（2）

A B C D

（3）

A B C D

（4）

A B C D

（5）

A B C D

（6）

A B C D

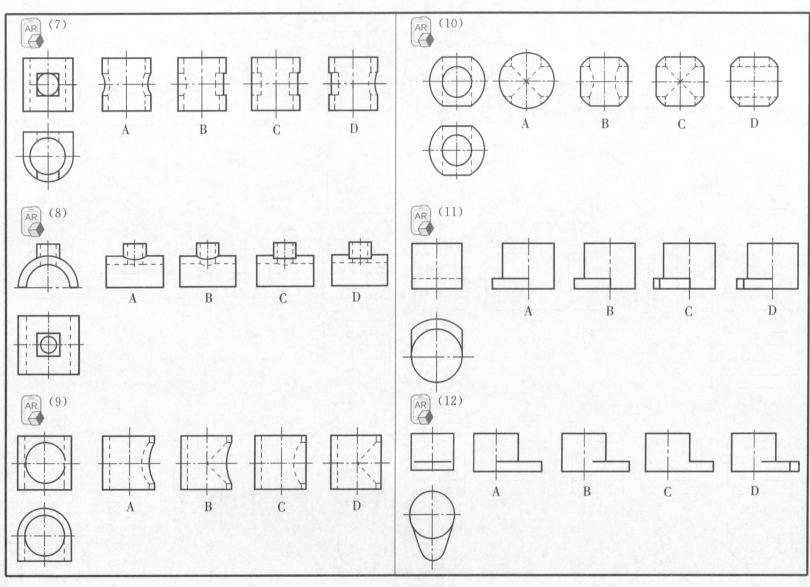

（7） A B C D

（8） A B C D

（9） A B C D

（10） A B C D

（11） A B C D

（12） A B C D

班　级＿＿＿＿＿＿＿　姓　名＿＿＿＿＿＿＿　学　号＿＿＿＿＿＿＿

4-7 补漏线

1.

2.

3.

4.

班级_____ 姓名_____ 学号_____

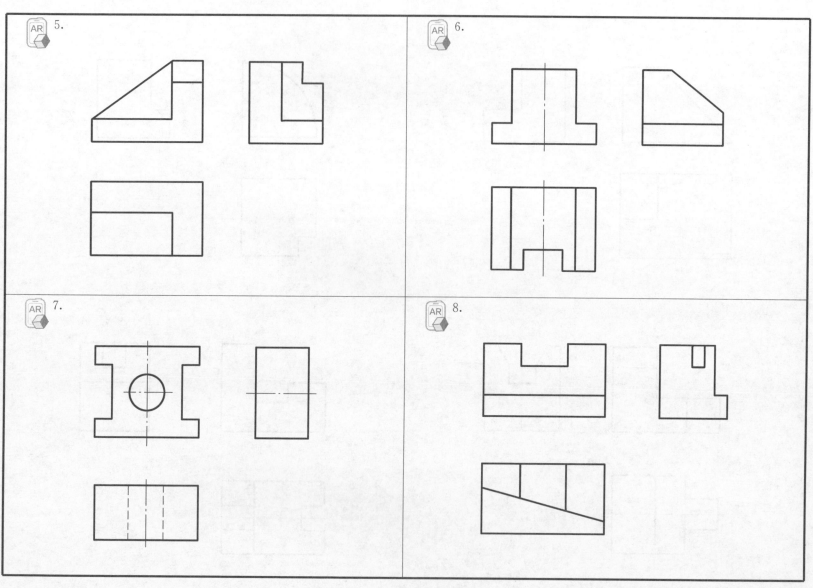

班级＿＿＿＿＿＿＿＿ 姓名＿＿＿＿＿＿＿＿ 学号＿＿＿＿＿＿＿＿

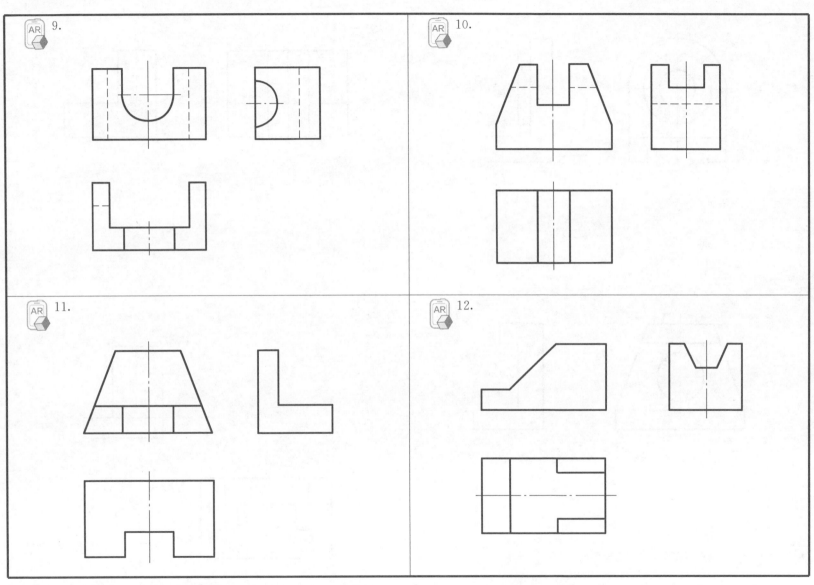

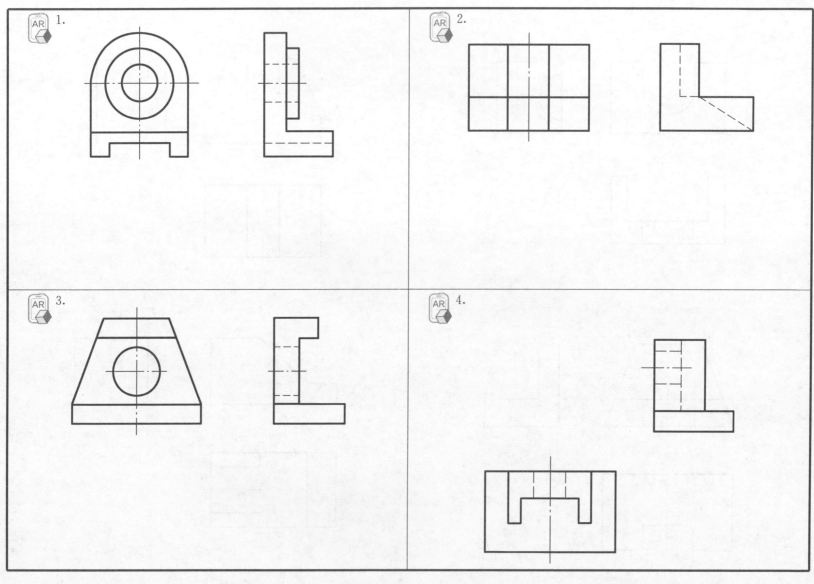

班 级_____ 姓 名_____ 学 号_____

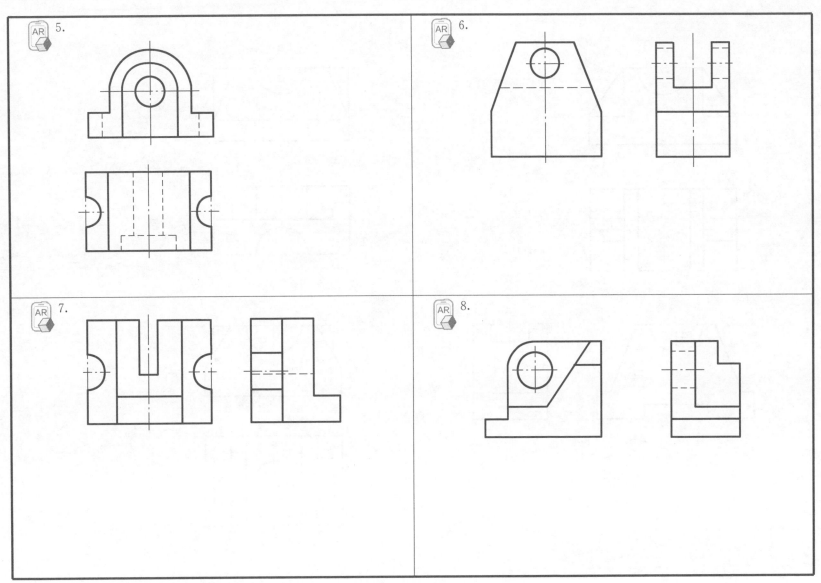

9.

10.

11.

12.

班级＿＿＿＿＿＿＿ 姓名＿＿＿＿＿＿＿ 学号＿＿＿＿＿＿＿

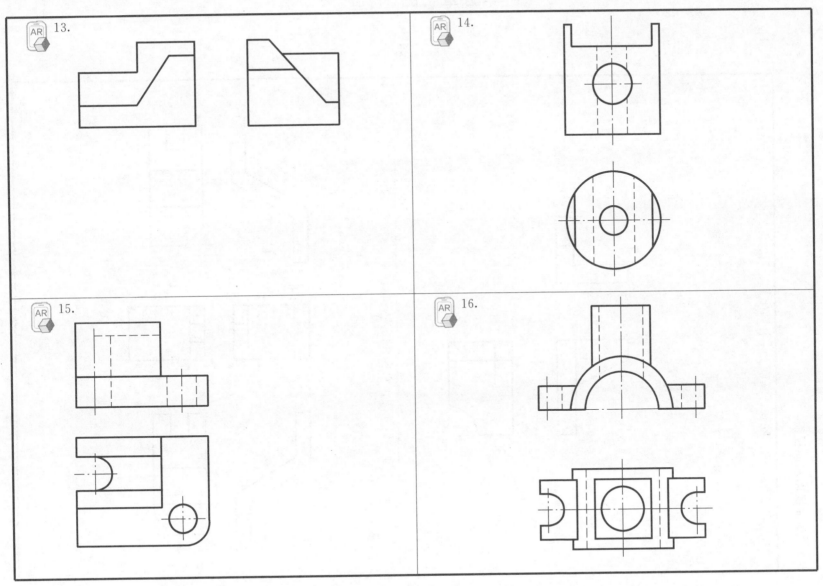

第五章 图样画法

基本视图和向视图

5-1

1. 在主、俯、左视图基础上，补画出右、后、仰三视图。

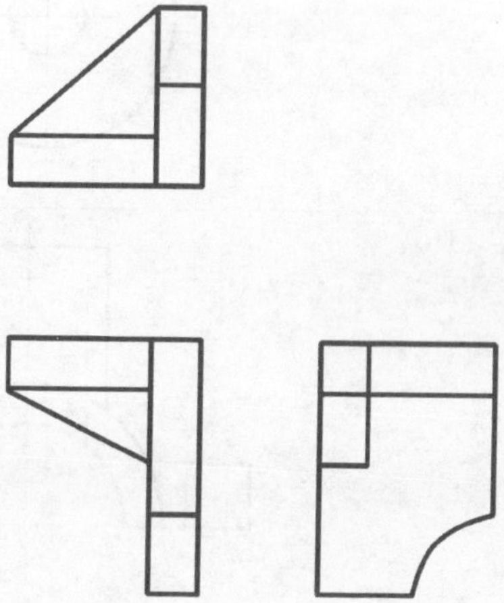

2. 分析下面一组视图，对向视图进行标注。

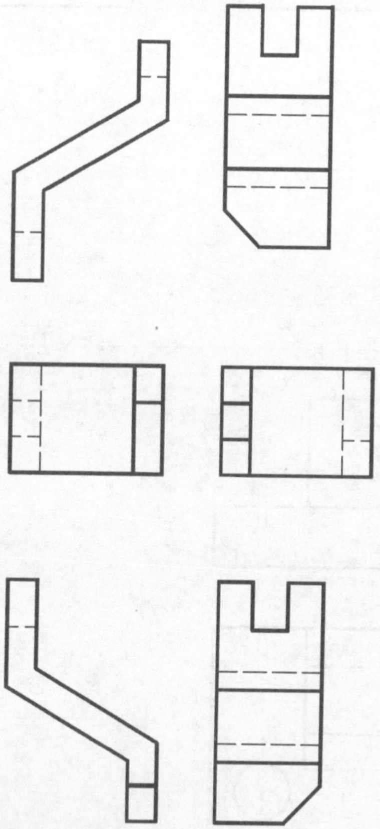

班级_____ 姓名_____ 学号_____

1. 根据轴测图和主视图，按箭头所指画出局部视图和斜视
   图并进行标注。

2. 按箭头指向，画出机件的局部视图和斜视图，并标注。

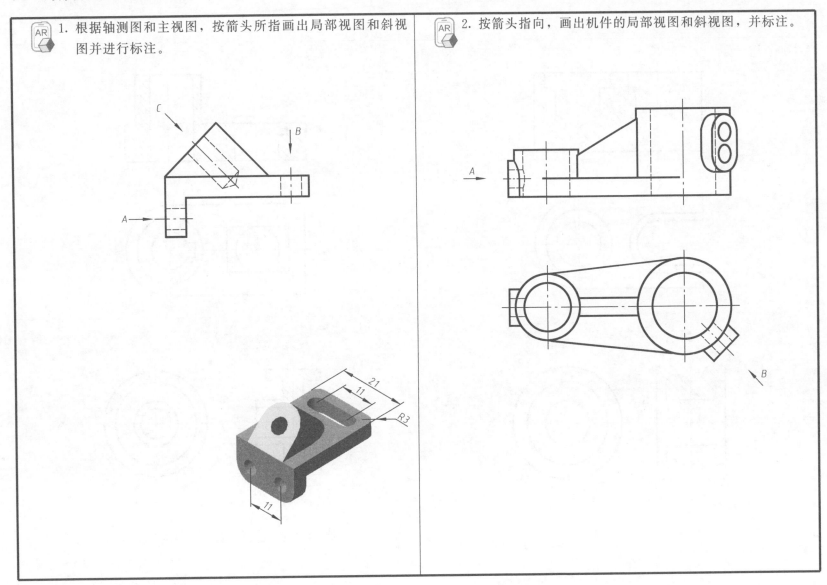

1. 补画剖视图中的漏线。

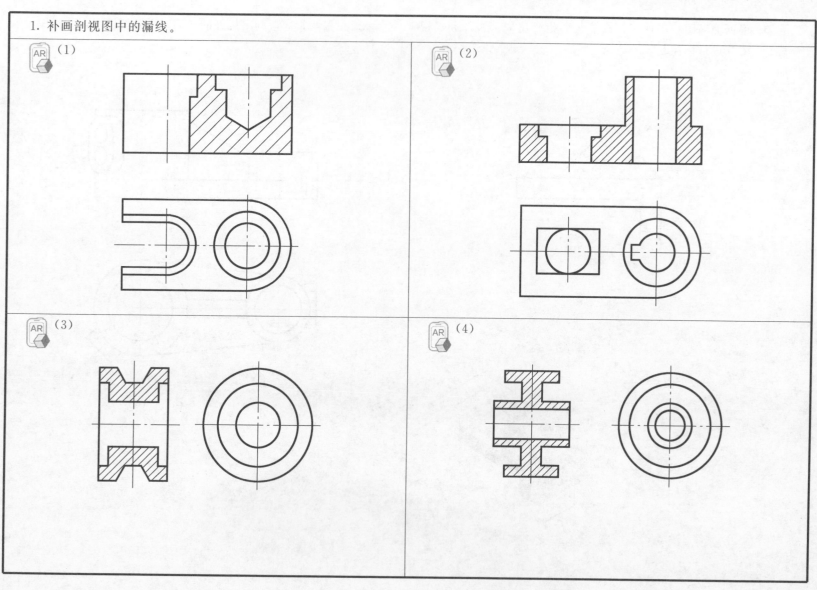

（1）

（2）

（3）

（4）

班 级＿＿＿＿＿＿ 姓 名＿＿＿＿＿＿ 学 号＿＿＿＿＿＿

2. 将主视图改为全剖视图。

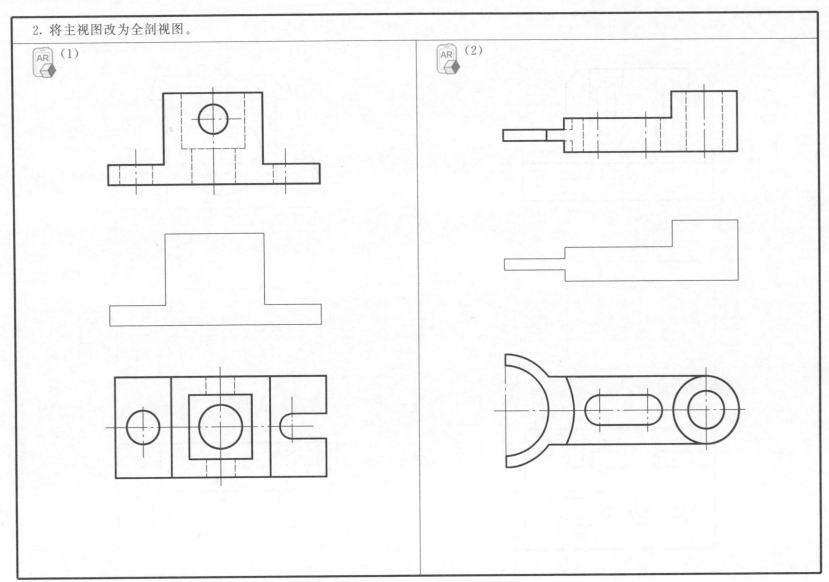

（1）

（2）

3. 将主视图改为全剖视图并标注。

4. 将俯视图改为全剖视图并标注。

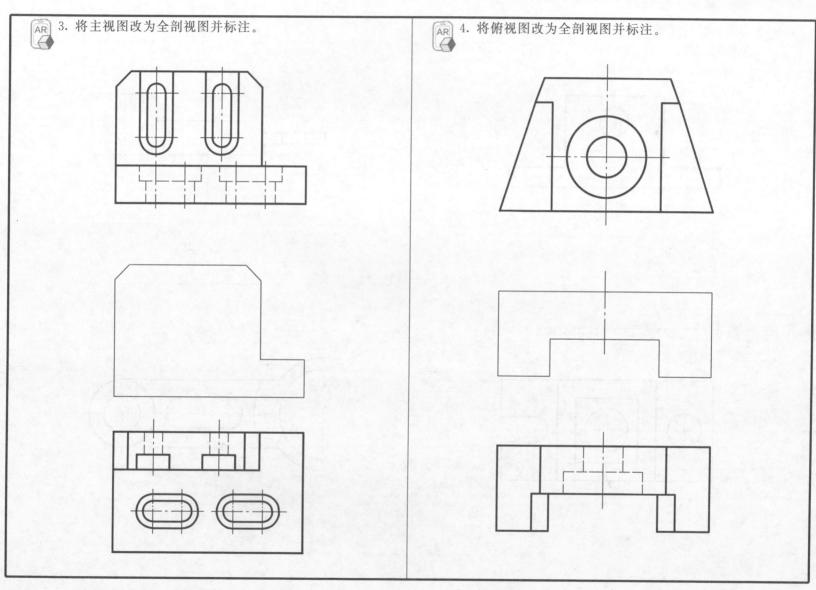

班 级＿＿＿＿＿＿　姓 名＿＿＿＿＿＿　学 号＿＿＿＿＿＿

C—C

B—B

A—A

5-3（续）

AR

5. 根据给出的视图和剖视图，作 C—C 全剖视图。

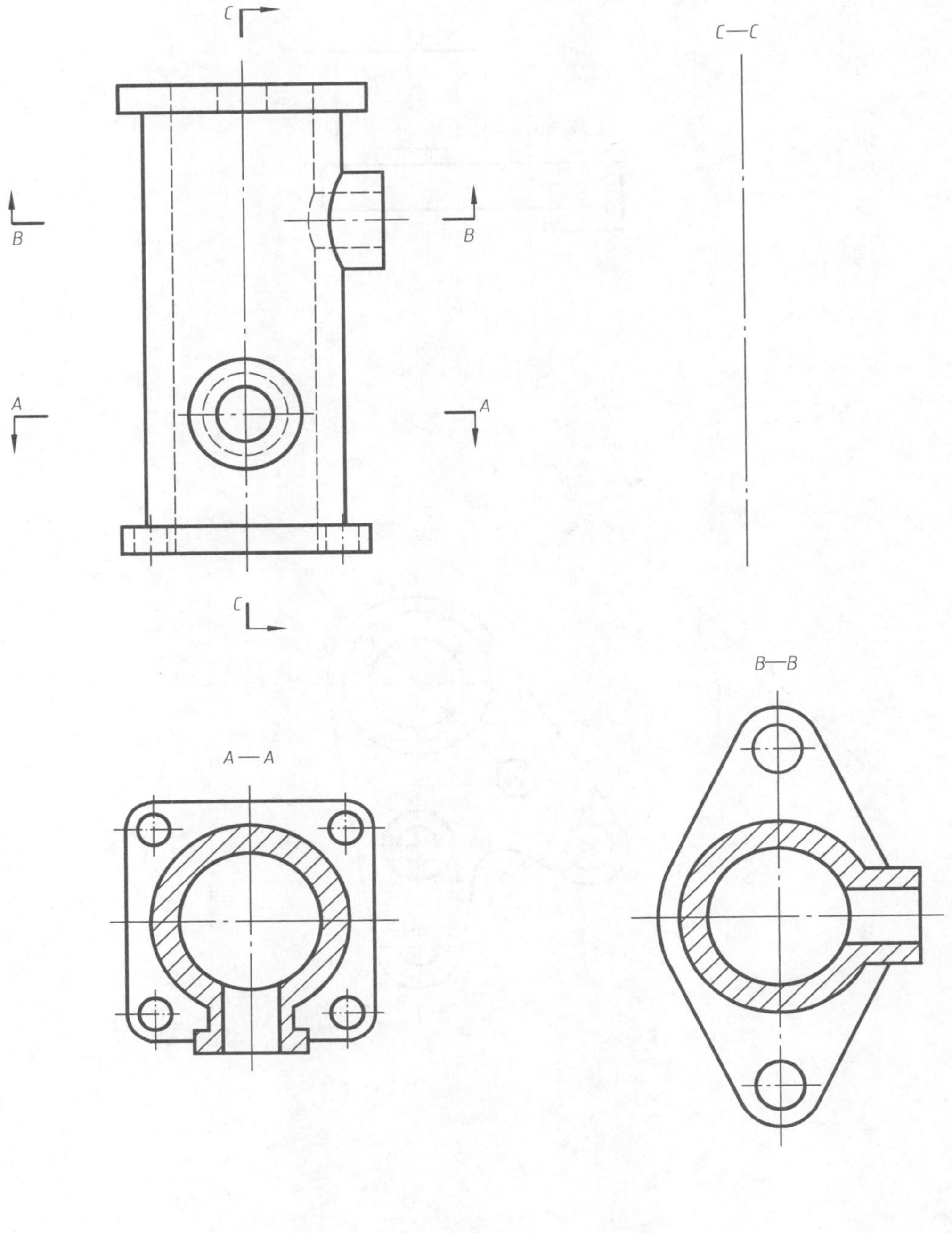

班 级＿＿＿＿＿ 姓 名＿＿＿＿＿＿ 学 号＿＿＿＿＿＿

1. 用单一剖切面作机件的 A—A 和 B—B 剖视图。

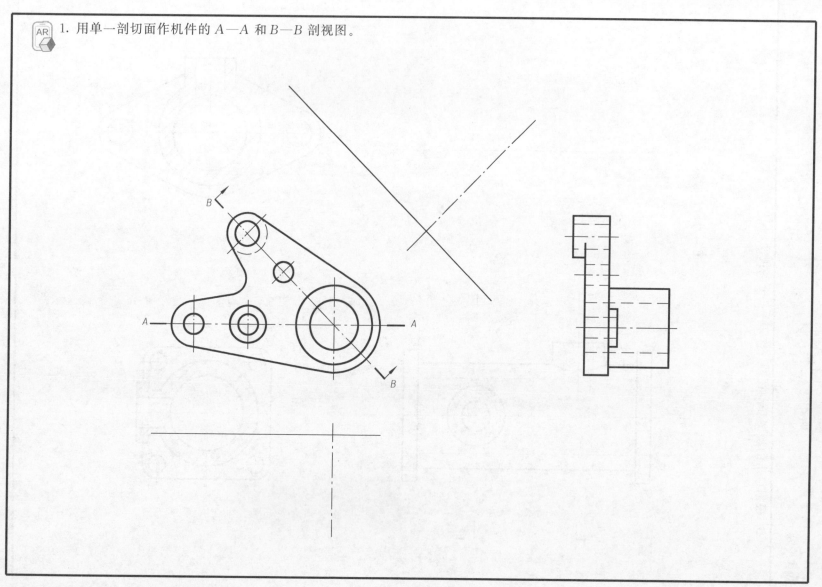

班 级＿＿＿＿＿＿ 姓 名＿＿＿＿＿＿ 学 号＿＿＿＿＿＿

2. 用多个平行的剖切平面作机件的剖视图并标注。

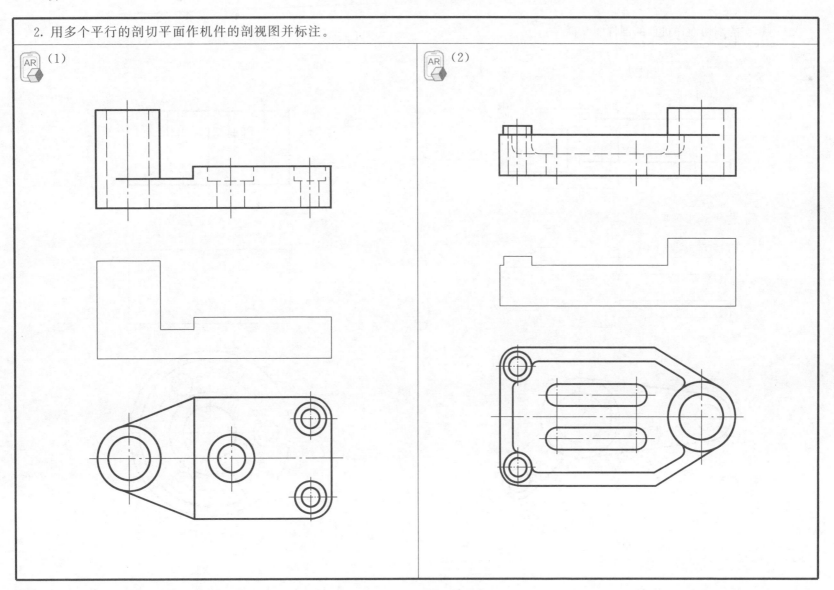

（1）

（2）

3. 用相交的剖切面作机件的剖视图并标注。

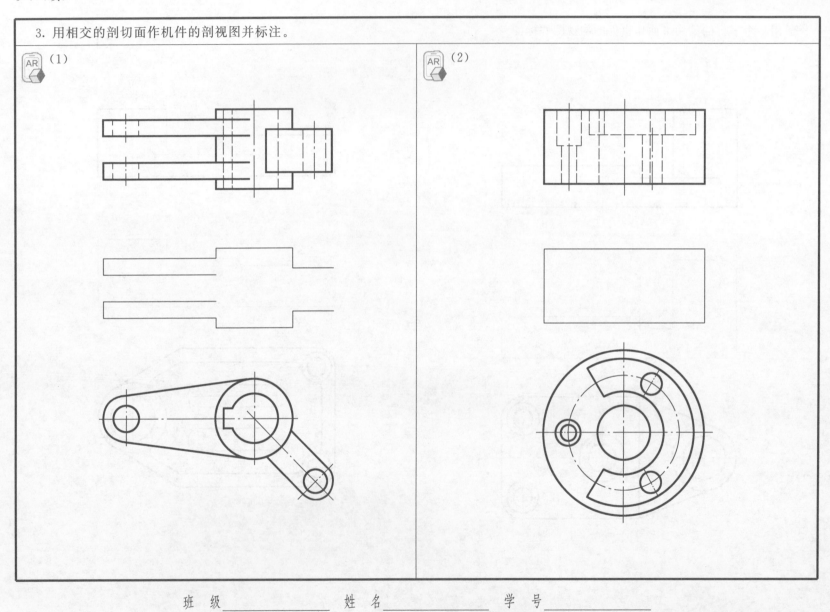

班 级_____ 姓 名_____ 学 号_____

1. 将主视图改为半剖视图。

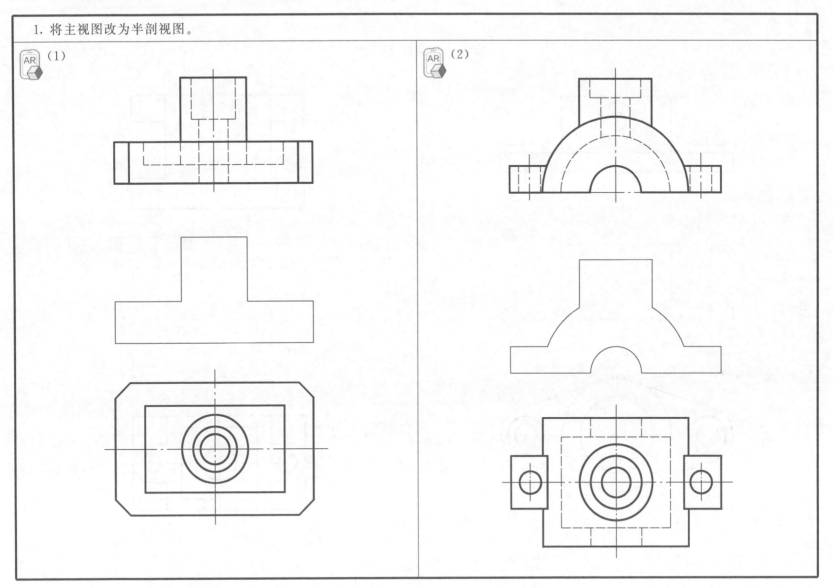

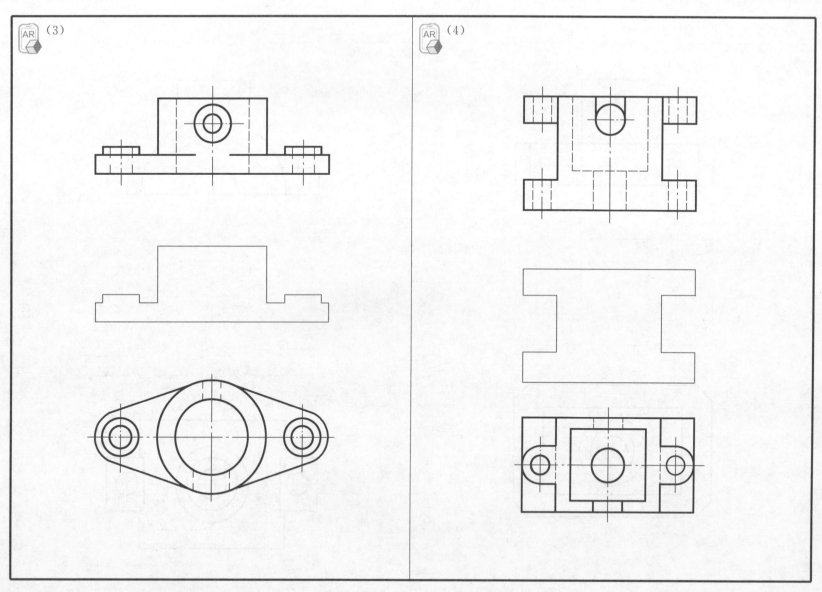

班级_____ 姓名_____ 学号_____

2. 分析并改正局部剖视图的错误（不要的线打叉）。

3. 将主、俯视图改为局部剖视图（不要的线打叉）。

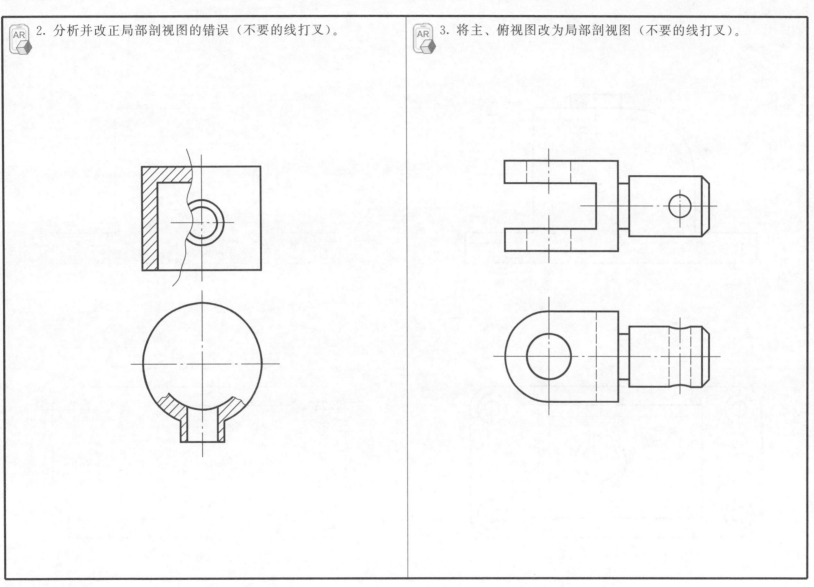

4. 试对主、俯视图作适当的局部剖视，在右边重新画出。

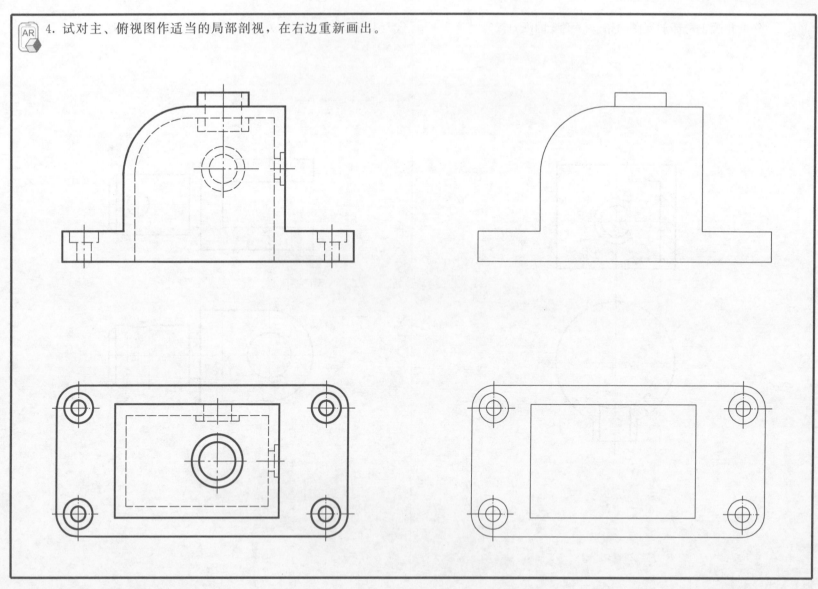

班 级_____ 姓 名_____ 学 号_____

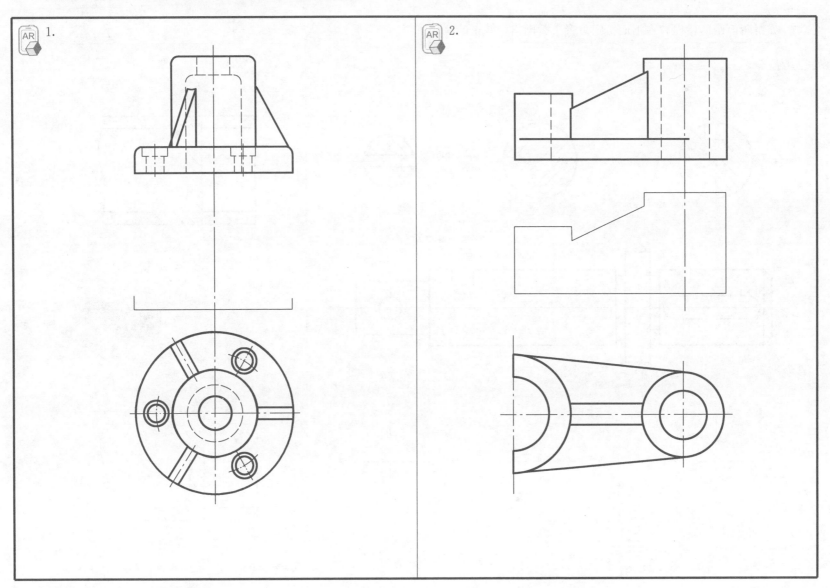

1. 分析断面图的错误，在下面指定位置重新画出，并正确地标注。

（1）

（2）

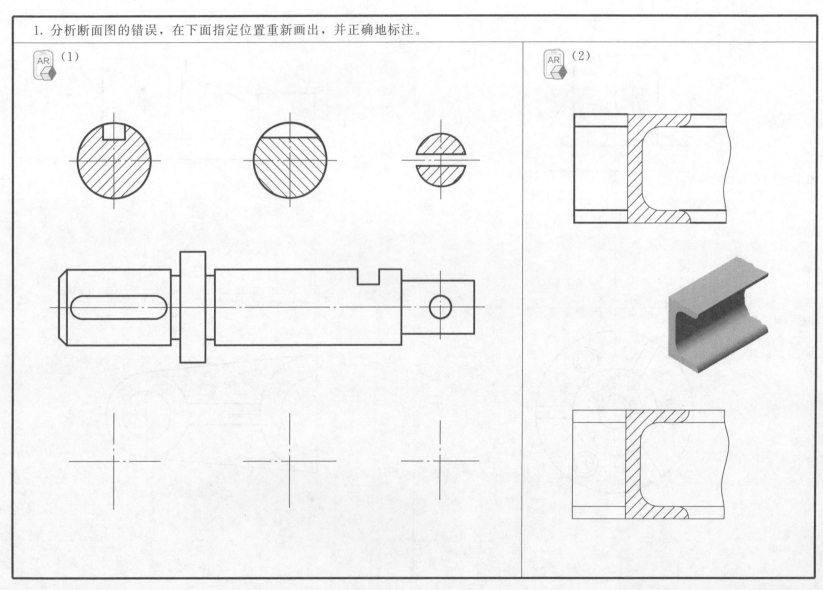

班　级＿＿＿＿＿　姓　名＿＿＿＿＿　学　号＿＿＿＿＿

2. 采用断面图将轴表达清楚（注：两键槽深度均为 4mm）。

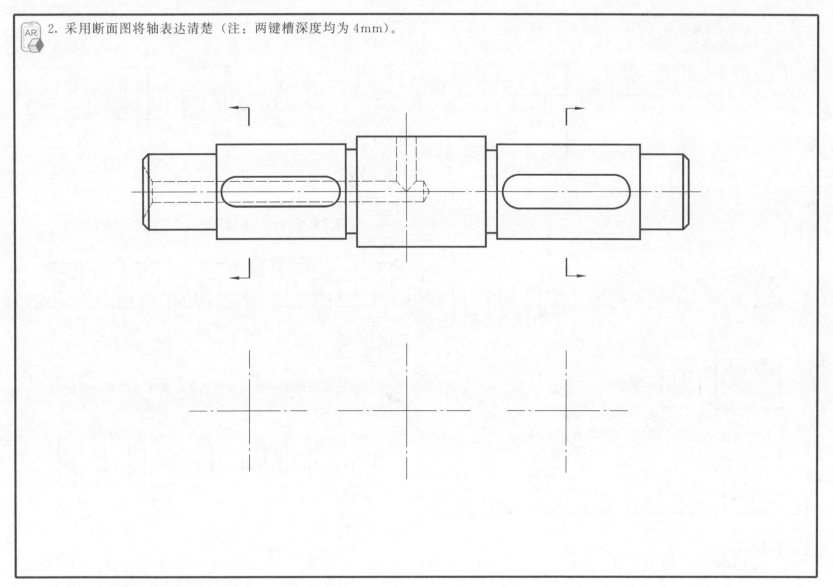

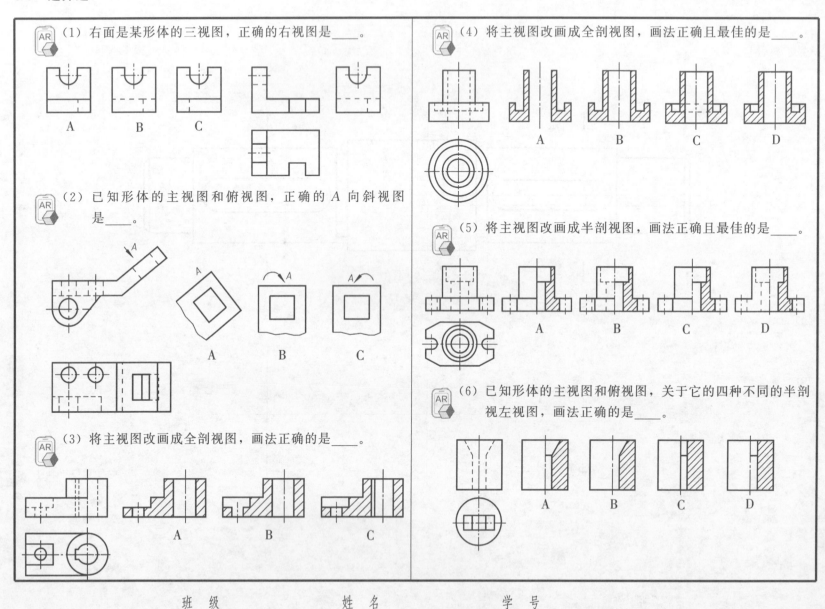

（1）右面是某形体的三视图，正确的右视图是____。

A B C

（2）已知形体的主视图和俯视图，正确的 A 向斜视图是____。

A B C

（3）将主视图改画成全剖视图，画法正确的是____。

A B C

（4）将主视图改画成全剖视图，画法正确且最佳的是____。

A B C D

（5）将主视图改画成半剖视图，画法正确且最佳的是____。

A B C D

（6）已知形体的主视图和俯视图，关于它的四种不同的半剖视左视图，画法正确的是____。

A B C D

班级_____ 姓名_____ 学号_____

（7）下面的局部剖视图，画法正确且最佳的是____。

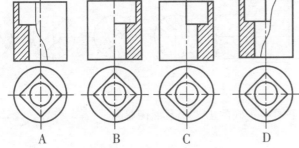

（8）下面的局部剖视图，画法正确的是____。

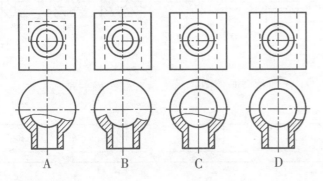

（9）下面的剖视图，画法及标注均正确的是____。

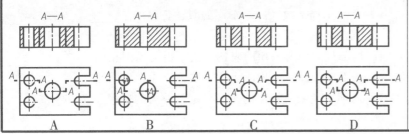

（10）下面的剖视图，画法及标注均正确的是____。

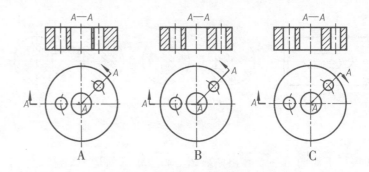

（11）下面的剖视图，画法及标注均正确的是____。

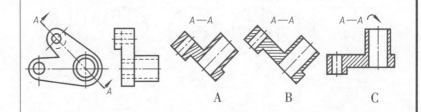

（12）已知形体的主视图和俯视图，将主视图改画为全剖视，画法正确的是____。

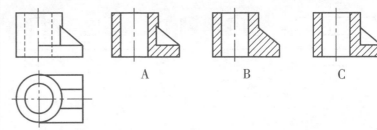

班级_____ 姓名_____ 学号_____

（13）下面的 *A—A* 移出断面图，画法正确的是____。

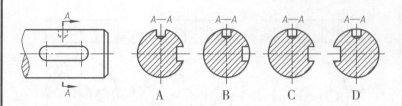

（14）下面的 *A—A* 移出断面图，画法正确的是____。

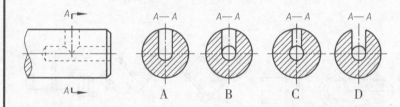

（15）下面的 *A—A* 移出断面图，画法正确的是____。

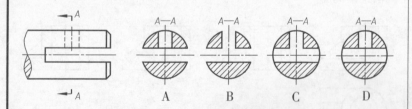

（16）下图中正确的 *A—A* 断面图是____。

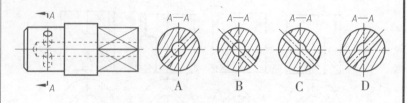

（17）下图中正确的 *B—B* 断面图是____。

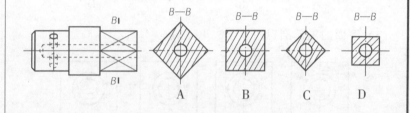

（18）下面的重合断面图，画法及标注正确的是____。

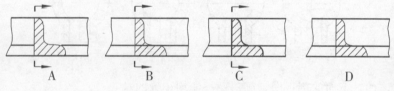

（19）关于局部放大图，下面的叙述正确的是 ____。
A. 局部放大图所采用的表达方法应与原图相同
B. 局部放大图所采用的表达方法不得与原图相同
C. 局部放大图所采用的表达方法不受原图的限制
D. 局部放大图所标注的比例一定是放大的比例

№ 3 剖视图

作业指导书

一、作业目的

(1) 培养根据机件的形状特点选择表达方法的能力。

(2) 进一步练习剖视图的画法和标注方法。

二、内容与要求

(1) 根据右边视图，选择恰当的表达方法。

(2) 标注尺寸。

(3) A3 图幅，比例自定。

三、作图步骤

(1) 根据已知视图，运用形体分析法，分析想象形体形状。

(2) 综合运用各种表达方法，选择视图表达方案。

(3) 画视图底稿。

(4) 画剖面线，标注尺寸。

(5) 检查、修改图形。

(6) 描深，填写标题栏。

四、注意事项

(1) 一个机件可以有几种表达方案，可通过分析、对比，力求表达完整、清晰、简洁。

(2) 图形间应留出标注尺寸的位置。

(3) 剖视图应按相应剖切方法直接画出，不必先作视图再改画。

(4) 剖面线的方向和间隔应一致。

(5) 所注尺寸应根据表达方案合理配置，不一定照搬原视图中的模式。

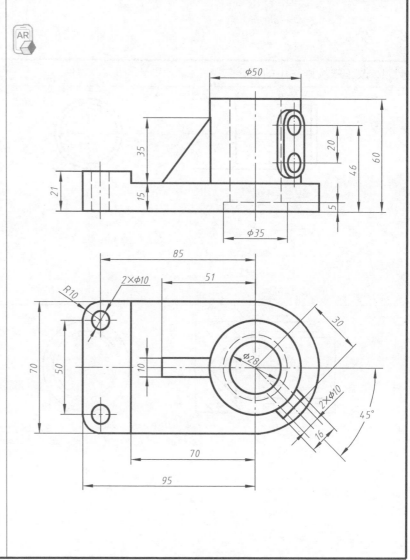

第六章 标准件和常用件

6-1 螺纹

1. 改正螺纹画法中的错误。

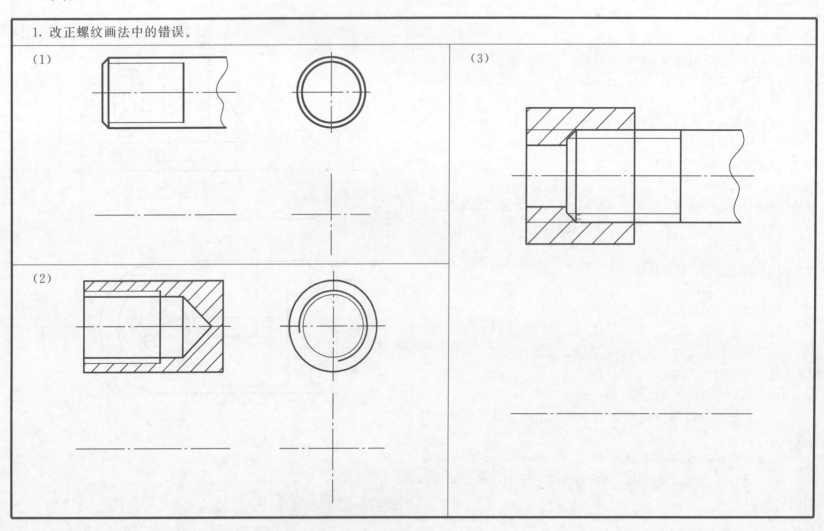

(1)

(2)

(3)

班级_____ 姓名_____ 学号_____

2. 按要求标注螺纹。

（1）普通螺纹，大径为 24，螺距为 2，左旋，中径和大径公差带分别为 5g、6g，长旋合长度。

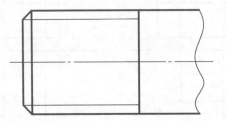

（2）大径为 24，螺距为 3 的粗牙普通螺纹，右旋。中径和大径公差带均为 6H，中等旋合长度。

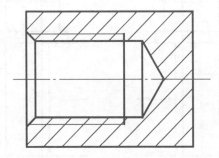

（3）锯齿形螺纹，大径为 24，双线，导程为 10，右旋，中径公差带代号为 6H，中等旋合长度。

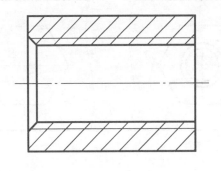

（4）非螺纹密封的管螺纹，尺寸代号为 1/2，公差等级为 A 级，右旋。

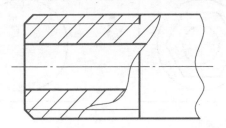

1. 分析螺栓连接和双头螺柱连接的画法错误，并画出正确的图形。

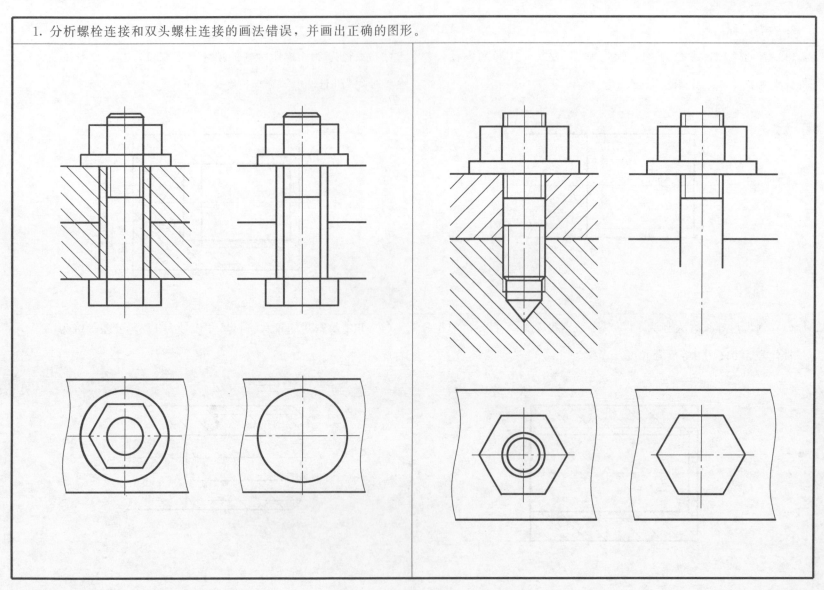

班级＿＿＿＿＿＿＿＿ 姓名＿＿＿＿＿＿＿＿ 学号＿＿＿＿＿＿＿＿

2. 根据已知条件，采用比例画法画出螺栓连接和双头螺柱连接的主视图。

（1）螺栓 GB 5780—2016 M20×90；螺母 GB 6170—2015 M20；垫圈 GB 97.1—2002 20—140HV；被连接件上下二板厚均为 30mm。

（2）螺柱 GB 898—1988 M20×60；螺母 GB 6170—2015 M20；垫圈 GB 97.1—2002 20—140HV；被连接件上板厚 30mm。

1. 用 A 型普通平键连接轮和轴，轴、孔直径为 25，查表确定轴和轮毂键槽的尺寸标注在图上，并完成其连接图。

2. 参照轴测图，根据滚动轴承代号查表确定有关尺寸，采用通用画法画出轴和滚动轴承。

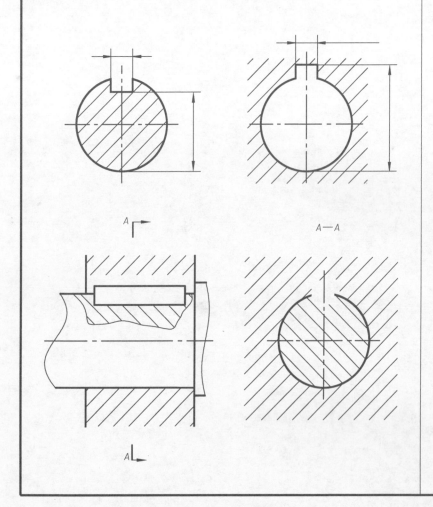

A—A

滚动轴承 6205 GB/T 276—2013

（轴肩直径取 1.2d）

3. 根据基本参数表和轴测图，计算圆柱齿轮有关尺寸，查表确定键槽尺寸，画出主、左视图并标注尺寸。

计算：分度圆直径 $d=$　　　　　查表：键槽宽度 $b=$

齿顶圆直径 $d_a=$　　　　　键槽深度 $t=$

齿根圆直径 $d_f=$

模数	$m=3$
齿数	$z=30$
齿形角	$\alpha=20°$

注：全部倒角 $C1.5$，圆角 $R1.5$。

班　级　＿＿＿＿＿＿＿　姓　名　＿＿＿＿＿＿＿　学　号　＿＿＿＿＿＿＿

1. 填空	2. 选择

1. 填空

（1）螺纹的要素有＿＿、＿＿、＿＿、＿＿、＿＿和＿＿，其中标准化了的三要素是＿＿、＿＿和＿＿。

（2）外螺纹大径用＿＿线表示，小径用＿＿线表示；内螺纹（可见）大径用＿＿线表示，小径用＿＿线表示。

（3）"M10-5g6g-S"表示＿＿为10mm的＿＿＿＿螺纹，＿＿旋，＿＿＿＿＿分别为5g、6g，＿＿旋合长度。

（4）"Tr40×14（P7）LH-7e"表示＿＿为40mm，＿＿为14mm，＿＿为7mm的＿＿线＿＿螺纹，＿＿旋，为7e，＿＿旋合长度。

（5）"G1/2"表示公称直径为＿＿的＿＿螺纹。

（6）常见的标准件有（写出五种以上）＿＿＿＿＿＿＿＿＿＿＿＿＿＿＿＿＿等。

（7）规定标记"螺栓 GB/T 5782—2016　M16×60"表明该种螺栓的螺纹规格为＿＿，有效长度为＿＿。

（8）常见螺纹连接的三种形式为＿＿＿＿、＿＿和＿＿＿＿。

（9）采用近似比例画法画螺栓连接时，若螺栓公称直径为d，则螺栓六角头和螺母的六边形外接圆直径约为＿＿，螺栓螺纹部分长度约为＿＿，螺栓六角头厚度约为＿＿，螺母厚度约为＿＿，平垫圈厚度约为＿＿、外径约为＿＿，被连接件上光孔直径约为＿＿。

（10）标准圆柱齿轮的模数为m，齿数为z，则其齿顶高为＿＿，齿根高为＿＿，分度圆直径为＿＿，齿顶圆直径为＿＿，齿根圆直径为＿＿。

（11）齿顶圆和齿顶线用＿＿线绘制；分度圆与分度线用＿＿线绘制；齿根圆和齿根线用＿＿线绘制，也可省略不画；在剖视图中，当剖切平面通过齿轮轴线时，齿根线用＿＿线绘制。

（12）两个标准齿轮啮合，二分度圆＿＿；二齿轮之间存在的径向间隙为＿＿ m。

2. 选择

（1）下面外螺纹的四组视图中，画法正确的是＿＿。

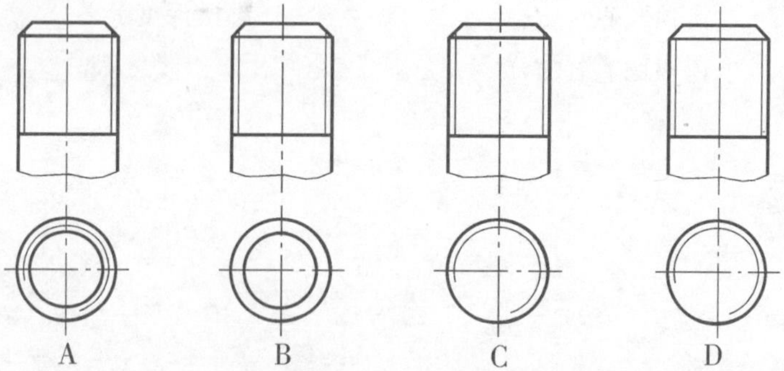

A　　B　　C　　D

（2）下面四个螺纹盲孔的图形中，画法正确的是＿＿。

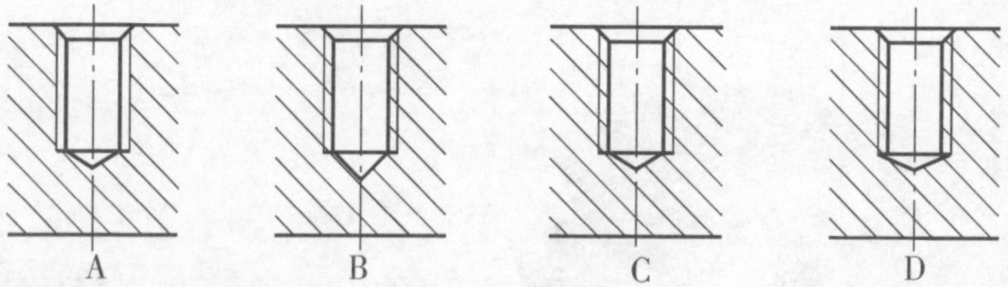

A　　B　　C　　D

（3）下面分别是内外螺纹旋合的主视图、左视图、A—A剖视和B—B剖视，画法有错的是＿＿。

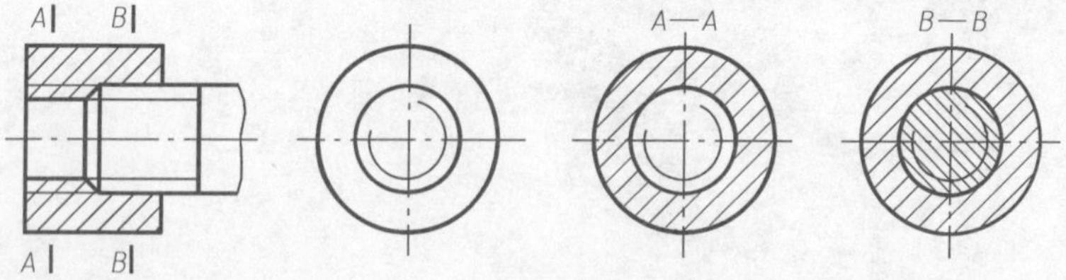

A. 主视和左视　　B. 左视和A—A　　C. 主视和B—B
D. A—A和B—B

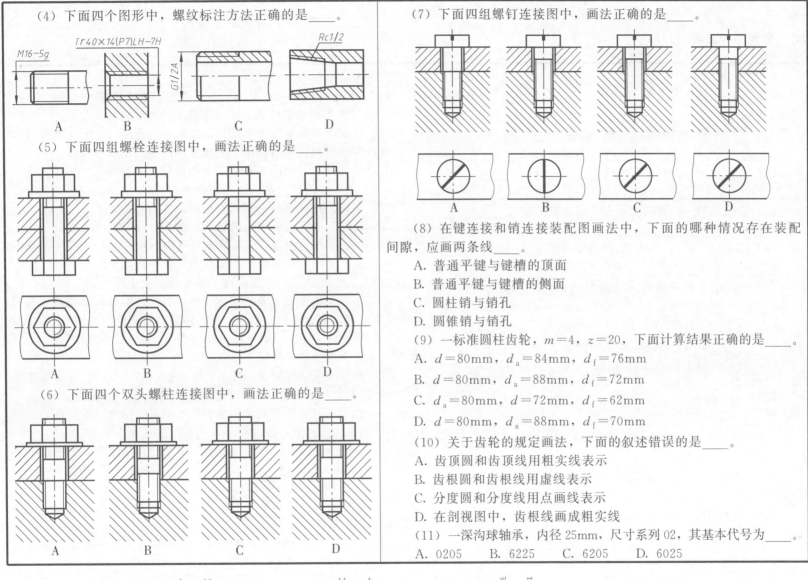

（4）下面四个图形中，螺纹标注方法正确的是____。

M16-5g　　Tr40×14(P7)LH-7H　　G1/2A　　Rc1/2

A　　B　　C　　D

（5）下面四组螺栓连接图中，画法正确的是____。

A　　B　　C　　D

（6）下面四个双头螺柱连接图中，画法正确的是____。

A　　B　　C　　D

（7）下面四组螺钉连接图中，画法正确的是____。

A　　B　　C　　D

（8）在键连接和销连接装配图画法中，下面的哪种情况存在装配间隙，应画两条线____。

A. 普通平键与键槽的顶面

B. 普通平键与键槽的侧面

C. 圆柱销与销孔

D. 圆锥销与销孔

（9）一标准圆柱齿轮，$m=4$，$z=20$，下面计算结果正确的是____。

A. $d=80$mm，$d_a=84$mm，$d_f=76$mm

B. $d=80$mm，$d_a=88$mm，$d_f=72$mm

C. $d_a=80$mm，$d=72$mm，$d_f=62$mm

D. $d=80$mm，$d_a=88$mm，$d_f=70$mm

（10）关于齿轮的规定画法，下面的叙述错误的是____。

A. 齿顶圆和齿顶线用粗实线表示

B. 齿根圆和齿根线用虚线表示

C. 分度圆和分度线用点画线表示

D. 在剖视图中，齿根线画成粗实线

（11）一深沟球轴承，内径25mm，尺寸系列02，其基本代号为____。

A. 0205　　B. 6225　　C. 6205　　D. 6025

班级_____　姓名_____　学号_____

第七章 零件图和装配图

7-1 零件图和装配图入门

1. 填空

（1）零件图用于指导零件的＿＿＿＿＿＿；装配图用于指导装配体的＿＿＿＿＿＿＿＿。

（2）零件图的内容一般包括＿＿＿＿＿、＿＿＿＿＿、＿＿＿＿＿和＿＿＿＿＿。

（3）装配图的内容一般包括＿＿＿＿、＿＿＿＿、＿＿＿＿、＿＿＿＿、＿＿＿＿和＿＿＿＿。

（4）装配图的一组视图主要用于表达装配体的＿＿＿＿＿和＿＿＿＿＿。

（5）装配图常用的特殊表达方法有＿＿＿＿＿、＿＿＿＿和＿＿＿＿等。

（6）装配图上标注的尺寸一般包括＿＿＿尺寸、＿＿＿尺寸、＿＿＿尺寸和＿＿＿尺寸。

（7）选择零件图的主视图应考虑＿＿＿＿原则、＿＿＿＿原则和形状特征原则。

（8）装配图的主视图一般应符合＿＿＿位置，且反映主要或较多的＿＿＿关系。

（9）零件图尺寸标注的基本要求是＿＿＿、＿＿＿、＿＿＿、＿＿＿。

（10）从工艺要求出发，标注零件图尺寸应＿＿＿＿、＿＿＿＿、＿＿＿＿。

（11）零件图尺寸标注中，"2×45°"表示＿＿＿＿，2代表＿＿＿。

（12）零件图尺寸标注中，符号"⌴"表示＿＿＿＿，"∨"表示＿＿＿，"⊤"表示＿＿＿。

2. 选择

（1）关于零件图和装配图，下列说法不正确的是＿＿＿。

A. 零件图表达零件的大小、形状及技术要求

B. 装配图是表示装配体及其组成部分的连接、装配关系的图样

C. 零件图和装配图都用于指导零件的加工制造和检验

D. 零件图和装配图都是生产上的重要技术资料

（2）关于装配图画法，下列说法正确的是＿＿＿。

A. 装配图中两零件的接触面应画两条线

B. 装配图中的剖面线间隔必须一致

C. 同一零件的剖面线必须同向且间隔一致

D. 装配图中相邻零件的剖面线方向必须相反

（3）关于零件图的视图选择，下面的说法正确的是＿＿＿。

A. 零件图视图数量及表达方法应根据零件的具体结构特点和复杂程度而定，表达的原则是：完整、简洁、清晰

B. 要表达完整，一个零件至少需要两个视图

C. 视图数量越少越好

D. 零件图应通过剖视图和断面图表达内部结构，不应出现虚线

（4）关于尺寸基准，下面的叙述不正确的是＿＿＿。

A. 根据零件结构的设计要求而选定的基准称为设计基准，从设计基准出发标注尺寸，能保证零件的装配位置和工作性能

B. 根据零件加工、测量的要求而选定的基准称为工艺基准。从工艺基准出发标注尺寸，能把尺寸标注与零件的加工制造联系起来，使零件便于制造、加工和测量

C. 零件的每一方向都必须有且只有一个主要基准，可以有也可以没有辅助基准

D. 零件的每一方向的定位尺寸一律从该方向主要基准出发标注

班级＿＿＿＿＿　姓名＿＿＿＿＿　学号＿＿＿＿＿

（5）下面三个图中，尺寸注法正确的是____。

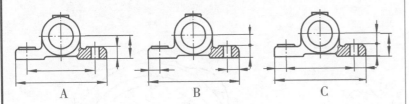

A   B   C

（6）下面四个图中，尺寸注法正确的是____。

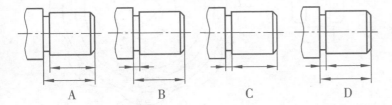

A   B   C   D

（7）下面四个图中，尺寸注法正确的是____。

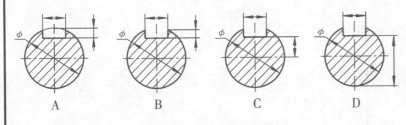

A   B   C   D

（8）下面四个图中，倒角注法不正确的是____。

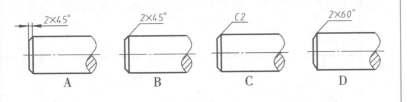

A   B   C   D

（9）下面四个图中，退刀槽注法不正确的是____。

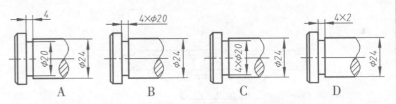

A   B   C   D

（10）下面四个图中，过渡线画法正确的是____。

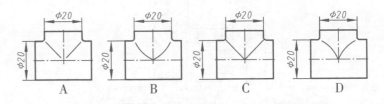

A   B   C   D

（11）下面四个图中，沉孔、埋头孔注法不正确的是____。

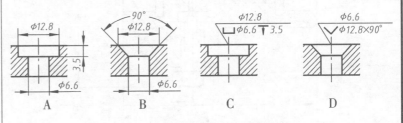

A   B   C   D

（12）下面图形中，斜度或锥度标注正确的是____。

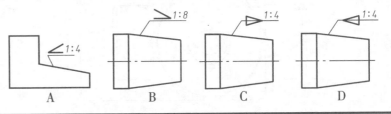

A   B   C   D

3. 根据截止阀装配图，在下页给出的图形中找出各零件，并将其剪下，拼贴装配图的主视图。

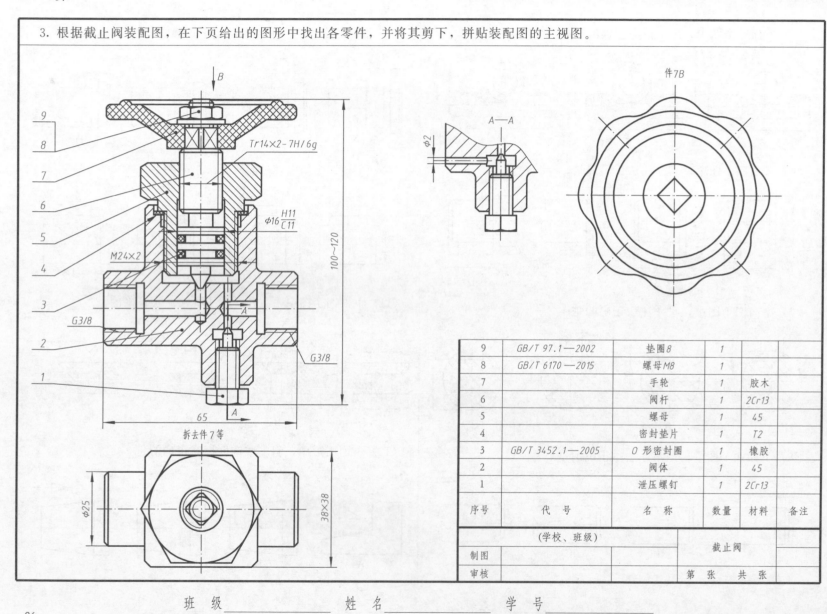

件7B

A—A

拆去件7等

9	GB/T 97.1—2002	垫圈8	1		
8	GB/T 6170—2015	螺母M8	1		
7		手轮	1	胶木	
6		阀杆	1	2Cr13	
5		螺母	1	45	
4		密封垫片	1	T2	
3	GB/T 3452.1—2005	O 形密封圈	1	橡胶	
2		阀体	1	45	
1		泄压螺钉	1	2Cr13	
序号	代 号	名 称	数量	材料	备注
	(学校、班级)		截止阀		
制图					
审核			第 张 共 张		

班级 _____ 姓名 _____ 学号 _____

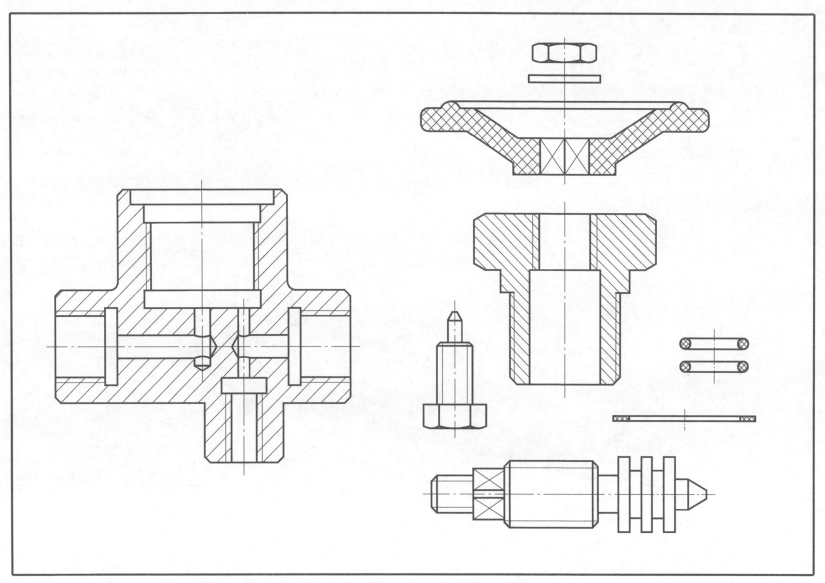

班 级＿＿＿＿＿＿ 姓 名＿＿＿＿＿＿ 学 号＿＿＿＿＿＿

No 4 零件图

作业指导书

一、作业目的
(1) 熟悉典型零件的结构特征和视图表达特点。
(2) 熟悉零件图的尺寸标注。
(3) 熟悉零件上常见结构的画法和尺寸注法。
(4) 训练徒手画零件草图的能力。
二、内容与要求
(1) 根据后面给出的轴测图，选择表达方案，徒手画出零件草图。
(2) 按教师指定，在图纸上画出 1～2 个零件的零件图。比例和图幅自定。

三、注意事项
(1) 选择主视图应考虑加工位置、工作位置及形状特征原则，所选的一组视图必须把零件表达完整、清楚，并尽量简洁；可设想几种不同的视图方案，通过比较择优选用。
(2) 标注尺寸要做到正确、完整，力求清晰、合理。要正确选择尺寸基准，功能尺寸须直接注出，非功能尺寸应尽量符合加工工艺和便于测量。
(3) 零件上的倒角、退刀槽、键槽、各种孔以及铸造圆角和过渡线等要正确画出和标注。
(4) 对所画零件草图要进行认真的检查。

1. 轴。

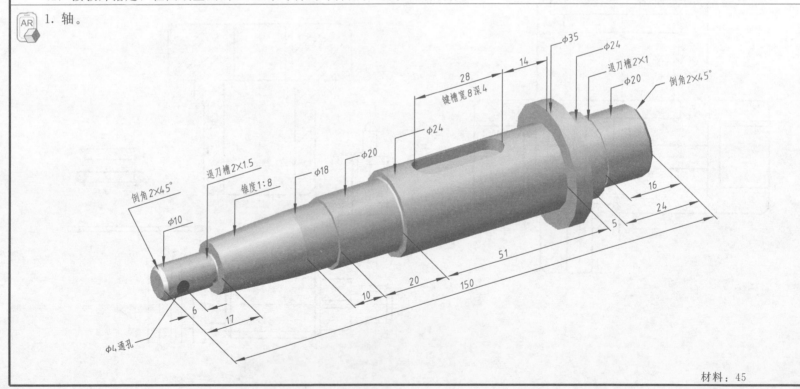

材料：45

班级_____ 姓名_____ 学号_____

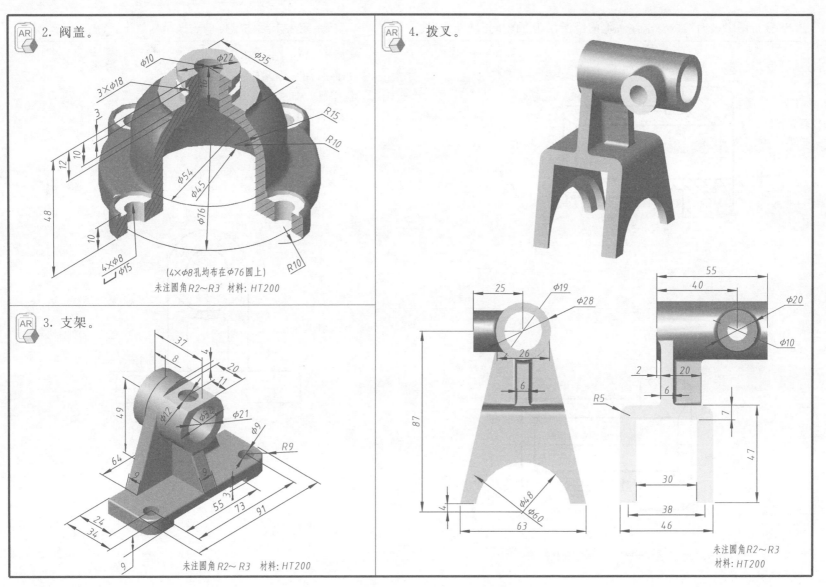

2. 阀盖。

$\phi10$　$\phi22$　$\phi35$

$3\times\phi18$

R15

R10

$\phi54$　$\phi45$　$\phi76$

R10

$4\times\phi8$
$\phi15$

（4×φ8孔均布在φ76圆上）
未注圆角R2～R3　材料：HT200

3. 支架。

37　4　8　20　11

$\phi12$　$\phi3$　$\phi21$　$\phi9$

R9

64　9　9

55　3　73　91

24　34　9

未注圆角R2～R3　材料：HT200

4. 拨叉。

25　$\phi19$　$\phi28$

26　6

87

$\phi48$　$\phi60$　63

55　40

$\phi20$　$\phi10$

2　20　6

R5　7

4.7

30　38　46

未注圆角R2～R3
材料：HT200

1. 分析图中表面结构要求注法上的错误，在下图中正确地注出。	2. 按给定要求标注零件的表面结构要求。

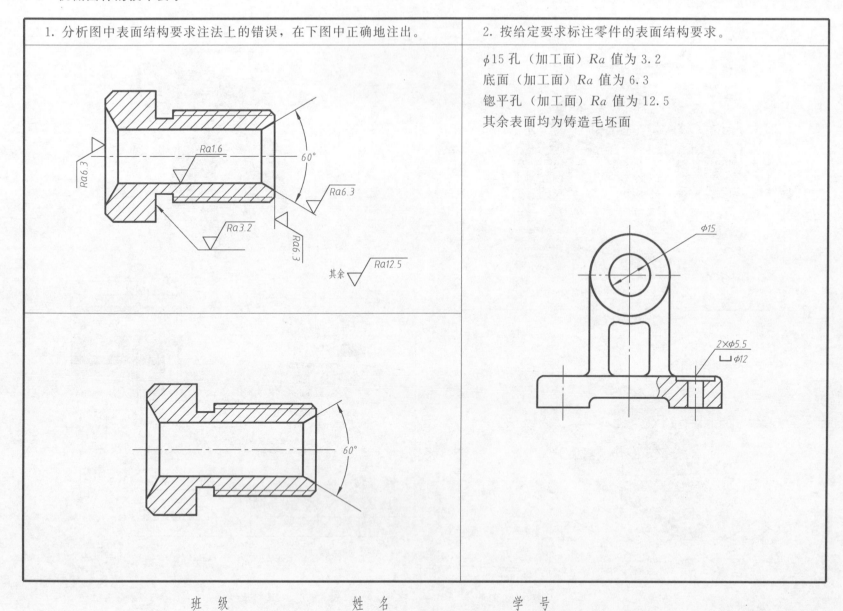

$\phi15$ 孔（加工面）Ra 值为 3.2
底面（加工面）Ra 值为 6.3
锪平孔（加工面）Ra 值为 12.5
其余表面均为铸造毛坯面

其余 $Ra12.5$

Ra1.6 60° Ra6.3 Ra6.3 Ra3.2 Ra6.3

$\phi15$ $2\times\phi5.5$ $\sqcup\phi12$

班 级_____ 姓 名_____ 学 号_____

3. 识读公差带代号，并查表、计算后填写下表。

公差带代号	φ15H7（示例）	φ25H6	φ10K7	φ10G7	φ15f6（示例）	φ25n6	φ10h6
公称尺寸	φ15				φ15		
基本偏差代号	H				f		
标准公差等级	7				6		
基本偏差	0				−0.016		
公差	0.018				0.011		
上极限偏差	+0.018				−0.016		
下极限偏差	0				−0.027		
上极限尺寸	φ15.018				φ14.984		
下极限尺寸	φ15				φ14.973		

4. 识读配合代号，并参照题 3 查表结果画出公差带示意图。

配合代号		φ15H7/f6（示例）	φ25H6/n6	φ10K7/h6	φ10G7/h6
公称尺寸		φ15			
公差带代号	孔	H7			
	轴	f6			
配合基准制		基孔制			
配合种类		间隙配合			
公差带示意图					

5. 根据装配图中的配合代号，参照题 3 查表结果，在零件图上注出相应的尺寸及极限偏差。

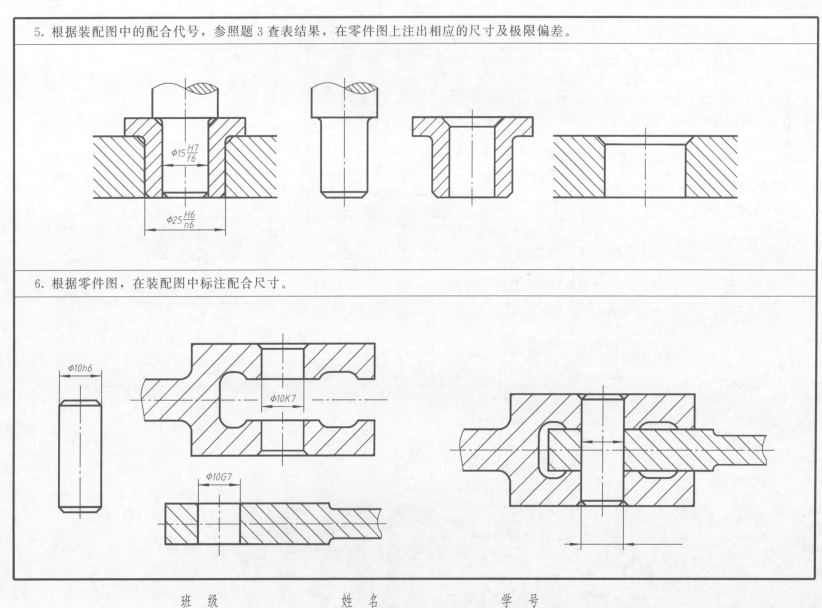

$\phi15\frac{H7}{f6}$

$\phi25\frac{H6}{n6}$

6. 根据零件图，在装配图中标注配合尺寸。

$\phi10h6$

$\phi10K7$

$\phi10G7$

班　级＿＿＿＿＿＿＿＿＿　姓　名＿＿＿＿＿＿＿＿＿　学　号＿＿＿＿＿＿＿＿＿

7. 选择题

(1) 下面几个表面结构要求代号中，表示用去除材料方法获得，且较为粗糙的一个是____。

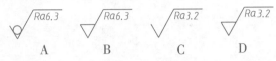

(2) 下面四个图中，表面结构要求标注正确的是____。

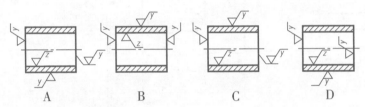

(3) 关于表面结构要求的标注，下面说法不正确的是____。

A. 表面结构要求代号可标注在轮廓线或其延长线上，必要时可用指引线引出标注，在不至于引起误解时，也可以标注在尺寸线上

B. 符号应从材料外指向并接触表面

C. 全部或多数表面有相同的表面结构要求时，可统一标注在标题栏附近

D. 表面结构的注写方向一律向上

(4) 下面的说法不正确的是____。

A. 上极限尺寸必大于公称尺寸

B. 上极限偏差必大于下极限偏差

C. 上极限偏差或下极限偏差可为正值，也可以为负值或零

D. 公差必为正值

(5) 一尺寸的上极限偏差为 +0.015，下极限偏差为 −0.033，则其公差为____。

A. 0.018　　B. 0.048　　C. −0.018　　D. −0.048

(6) 下面四个尺寸极限偏差，写法正确的是____。

A. $\phi 20^{+0.021}_{-0.000}$　　B. $\phi 20^{+0.021}_{0}$　　C. $\phi 20^{+0.021}_{0}$　　D. $\phi 20^{+0.021}_{0}$

(7) 下面图中尺寸公差标注不正确的是____。

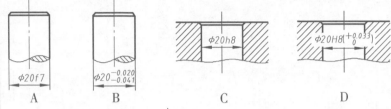

(8) 几何公差符号"⌖"表示____。

A. 圆度　　B. 圆柱度　　C. 位置度　　D. 同轴度

(9) 左轴段对右轴段的同轴度公差为 $\phi 0.05$mm，下面四个图几何公差标注正确的是____。

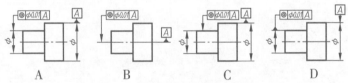

(10) 不查表判断，$\phi 20h7$ 的极限偏差数值应是____。

A. $\phi 20^{+0.021}_{0}$　　B. $\phi 20^{0}_{-0.021}$　　C. $\phi 20^{+0.021}_{-0.010}$　　D. $\phi 20^{+0.010}_{-0.021}$

(11) 下面四个尺寸中，配合代号正确的是____。

A. $\phi 20 \dfrac{H7}{f6}$　　B. $\phi 20 \dfrac{f6}{H7}$　　C. $\phi 20 \dfrac{H7}{F6}$　　D. $\phi 20 \dfrac{h7}{F6}$

(12) 下面四个配合代号，属于基孔制间隙配合的是____。

A. $\phi 20 \dfrac{H7}{f6}$　　B. $\phi 20 \dfrac{H7}{n6}$　　C. $\phi 20 \dfrac{K7}{h6}$　　D. $\phi 20 \dfrac{G7}{h6}$

(13) 下面四个配合代号，属于基轴制间隙配合的是____。

A. $\phi 20 \dfrac{H7}{f6}$　　B. $\phi 20 \dfrac{H7}{n6}$　　C. $\phi 20 \dfrac{K7}{h6}$　　D. $\phi 20 \dfrac{G7}{h6}$

1. 看懂轴的零件图，回答下面的问题。

(1) 该零件名称为_____，材料为_____，绘图比例为_____。

(2) 主视图轴线水平放置，主要是为了符合零件的___位置。

(3) 除主视图外，采用了两个_____图表达轴上键槽处的断面形状。

(4) 分析尺寸基准，在图中标出该轴径向基准和轴向主要尺寸基准；指出两个键槽的定位尺寸和尺寸基准。

(5) $\phi 45^{+0.050}_{+0.034}$ 表示公称尺寸为_____，上极限尺寸为_____，下极限尺寸为_____，尺寸公差为_____。

(6) $\phi 45$ 轴段上键槽的宽度为_____，深度为_____，注出 39.5 表示深度是为了便于_____。

(7) 轴的两端所注出的"C2"表示___结构，其宽度为___，角度为_____。

(8) 分析比较轴上各表面的表面结构要求，其中最光面的 Ra 值为_____，最粗糙面的 Ra 值为_____。

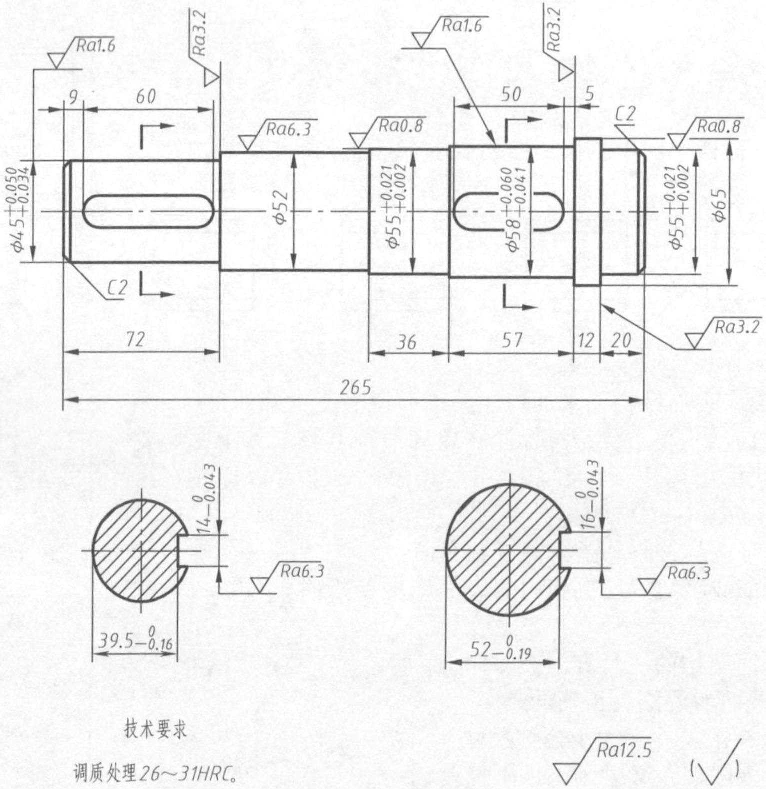

技术要求

调质处理26～31HRC。

$\sqrt{Ra12.5}$ $(\sqrt{})$

(学校、班级)		轴	(学号)
制图		(日期)		1：3
审核		(日期)	45	(图号)

班 级_____ 姓 名_____ 学 号_____

2. 看懂管板的零件图，回答下面的问题。

（1）该零件图包括____个基本视图；另外四个图形均是比例为____的_____图，它们比基本视图放大了____倍。

（2）主视图符合零件的____位置，它采用了_____剖视。

（3）俯视图采用了_____画法来表示直径相同且成规律分布的孔；其中直径为 $\phi 25.4$ 的管孔有____个，直径为 $\phi 16$ 的螺栓孔有____个。

（4）零件上有____个螺孔，它们的螺纹代号为_____，深度为_____。

（5）看懂四个局部放大图所表达的部位和结构形状，分析想象整个零件的结构形状。

（6）管板的材料为_____，管板下表面的 Ra 值为____。

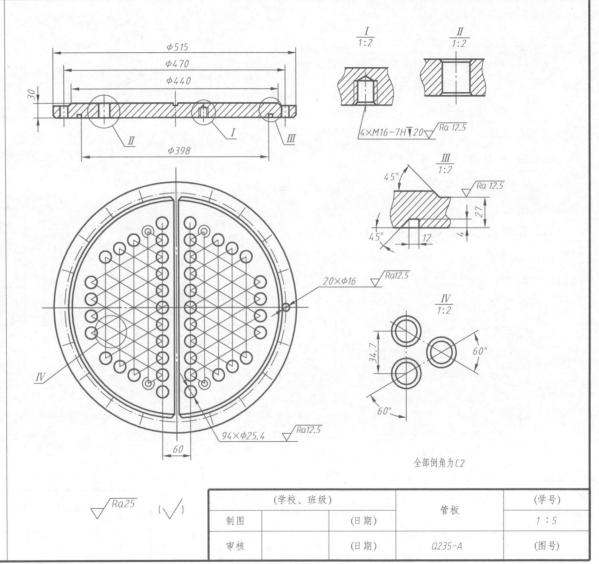

全部倒角为 C2

		(学校、班级)		(学号)
			管板	
制图		(日期)		1:5
审核		(日期)	Q235-A	(图号)

3. 看懂脚踏座的零件图，回答下面的问题。

（1）该零件主视图反映了其____位置和形状特征，主视图和左视图采用了_____剖视，试在图上标注出剖切位置。

（2）除基本视图外的另一图形是_____，试指出该图中尺寸在左视图中相应的位置。

（3）分析尺寸，在图中用箭头标明零件长、宽、高方向上尺寸的主要基准，圈出各结构的定位尺寸。

（4）轴孔尺寸 $\phi16H8$ 中的"H"为_____，"8"为_____，上极限偏差为_____，下极限偏差为_____（查表确定）。

（5）左视图上部所注"2×C2"表示_____，主视图下部所注锪平孔的尺寸的含义是_____。

（6）该零件哪些面是加工面？哪个面最光滑，其 Ra 值为_____。

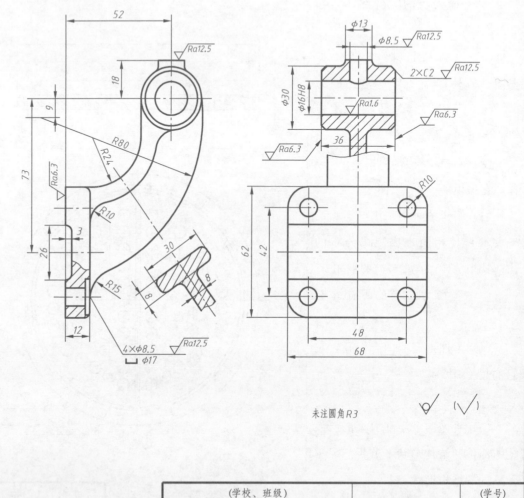

未注圆角R3

	（学校、班级）		脚踏座	（学号）
制图		（日期）		1:1
审核		（日期）	HT150	（图号）

班级_____ 姓名_____ 学号_____

4. 看懂泵体的零件图，回答下面的问题。

（1）该零件图除主视图、左视图外，还包括_____图和____图，说明为何要画这两个图。

（2）用箭头在图中指出长、宽、高方向上的尺寸基准，分析该零件重要的定形尺寸和定位尺寸。

（3）零件上有____个 M8 螺栓孔，其深度为_____；有____个 φ5 销孔，其_____尺寸为20。

（4）螺纹代号"G1/2"的含义为_____。

（5）解释图中所标注的几何公差代号。

（6）分析想象零件形状，试画出右视方向的局部视图（另外用纸）。

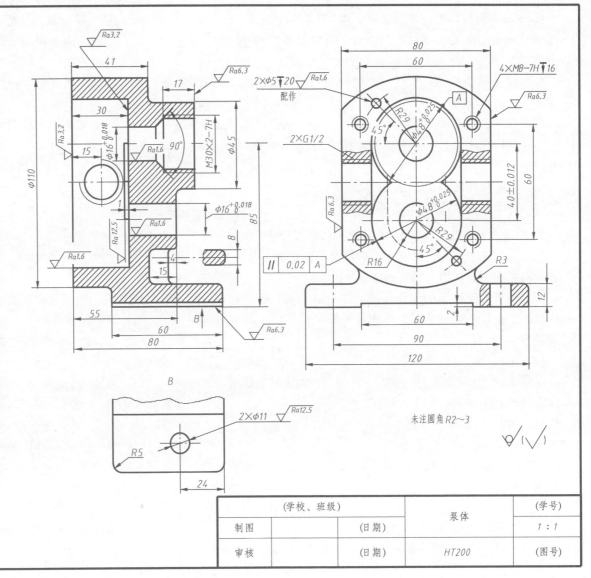

未注圆角 R2～3

（学校、班级）			泵体	（学号）
制图		（日期）		1：1
审核		（日期）	HT200	（图号）

1. 阅读"定位器"装配图，填空回答下列问题。

（1）该装配体由____种零件组成，其中标准件有____种，它们分别是_____。

（2）件 4 的名称为_____，材料为_____；件 5 的名称为_____，材料为_____。

（3）件 1 和件 5 之间的螺纹连接为_____螺纹，螺纹大径为_____，旋向为_____，外螺纹中、顶径公差带代号为_____，内螺纹中、顶径公差带代号为_____。

（4）该装配体的总长、总宽、总高分别为____、____、____。

（5）件 5 左端标注的"9×9"表示_____。

2. 阅读"齿轮油泵"装配图，填空回答下列问题。

（1）主视图中用双点画线画出齿轮及销连接属于_____画法；左视图右半部为表达出二齿轮的啮合情况采用了_____画法。

（2）分析齿轮油泵的工作原理，如果油从前孔吸进，从后面孔压出，二齿轮应如何旋转？试用箭头标出进油、出油及二齿轮的旋转方向。

（3）小轴（件 4）与从动齿轮（件 5）为基____制_____配合，与泵座（件 9）为基____制_____配合。当主动齿轮带动从动齿轮旋转时，小轴是否一起转动？_____。

（4）填料（件 10）的材料是_____，其作用是_____，若要更换填料时，应卸下零件_____。

（5）分析图中所注尺寸，其规格尺寸是_____，属于安装尺寸的有_____，属于外形尺寸的有_____。

（6）主动齿轮和从动齿轮的模数为____，齿数为____。

（7）按教师指定，拆画泵体（件 1）或泵座（件 9）的零件图。

3. 阅读"传动器"装配图，填空回答下列问题。

（1）该装配图主视图采用____剖视，左视图采用了____剖视，为避免重复和遮挡，左视图采用了____画法。

（2）该装配体有____种标准件，螺钉（件 5）的数量为____，用于连接_____和_____；键（件 3）用于实现轴与_____和_____之间的连接；挡圈（件 2）和螺栓（件 1）的作用是_____。

（3）两个滚动轴承的代号为_____，属于_____轴承。其外径为_____，与_____配合；内径为_____，与_____配合。

（4）φ62H7/f7 表示_____和_____构成基_____制_____配合。

（5）该装配体的安装尺寸有_____、_____和_____。

（6）按教师指定，拆画座体（件 9）或轴（件 8）的零件图。

4. 阅读"微动机构"装配图，填空回答下列问题。

（1）该装配图采用了____个基本视图和一个_____图。

（2）左视图半剖部分的四个剖面区域所表示的零件从里向外依次是_____，_____，_____和_____。

（3）当转动手轮时，分析下面几个零件的运动情况（填移动、转动或不动）：轴套（件 5）_____，螺杆（件 6）_____，导杆（件 10）_____，导套（件 9）_____，键（件 12）_____。

（4）图中三处采用紧定螺钉连接（件 2、件 4 和件 7），它们分别连接手轮和_____、轴套和_____、支座和_____。

（5）导套（件 9）外圆柱面与_____构成_____配合，内孔面与_____构成_____配合。

（6）按教师指定，拆画支座（件 8）或导套（件 9）的零件图。

定位器装配图。

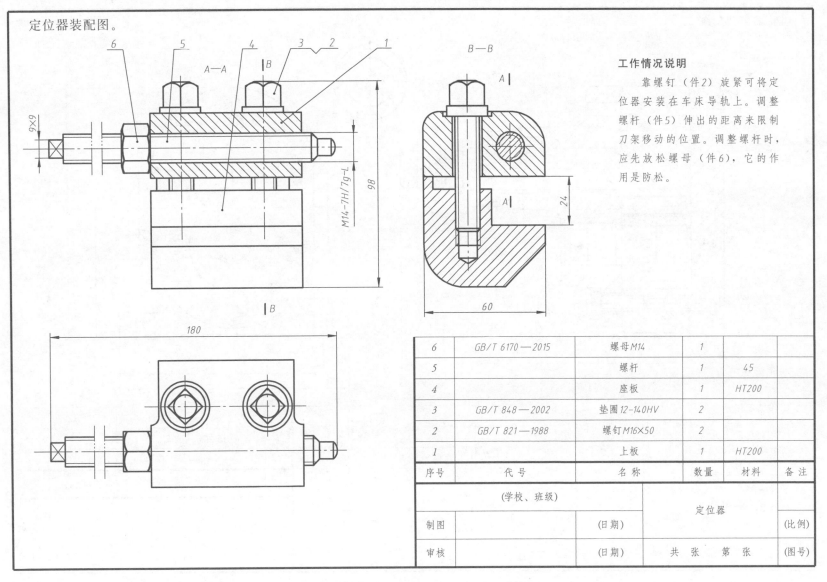

工作情况说明

　　靠螺钉（件2）旋紧可将定位器安装在车床导轨上。调整螺杆（件5）伸出的距离来限制刀架移动的位置。调整螺杆时，应先放松螺母（件6），它的作用是防松。

6	GB/T 6170—2015	螺母 M14	1		
5		螺杆	1	45	
4		座板	1	HT200	
3	GB/T 848—2002	垫圈 12-140HV	2		
2	GB/T 821—1988	螺钉 M16×50	2		
1		上板	1	HT200	
序号	代 号	名 称	数量	材料	备注
	(学校、班级)			定位器	
制图		(日期)			(比例)
审核		(日期)	共 张 第 张		(图号)

班级＿＿＿＿＿ 姓名＿＿＿＿＿ 学号＿＿＿＿＿

齿轮油泵装配图。

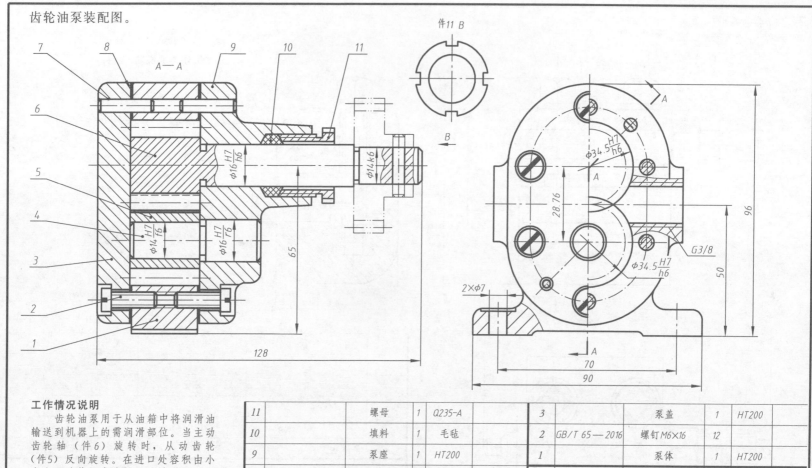

工作情况说明

    齿轮油泵用于从油箱中将润滑油输送到机器上的需润滑部位。当主动齿轮轴（件6）旋转时，从动齿轮（件5）反向旋转。在进口处容积由小变大，致使压力降低，油被吸入，经齿槽带到出口处。而出口处的容积由大变小，压力增高，于是将油排出。

序号	代号	名称	数量	材料	备注
11		螺母	1	Q235-A	
10		填料	1	毛毡	
9		泵座	1	HT200	
8		垫片	2	工业用纸	
7	GB/T 119.1—2000	圆柱销B5×20	4		
6		主动齿轮轴	1	45	$m=3, z=9$
5		从动齿轮	1	45	$m=3, z=9$
4		小轴	1	45	
3		泵盖	1	HT200	
2	GB/T 65—2016	螺钉M6×16	12		
1		泵体	1	HT200	

（学校、班级）	齿轮油泵	
制图	（日期）	（比例）
审核	（日期）	共 张 第 张 （图号）

班级_____ 姓名_____ 学号_____

传动器装配图。

拆去零件1、2、3、4、13等

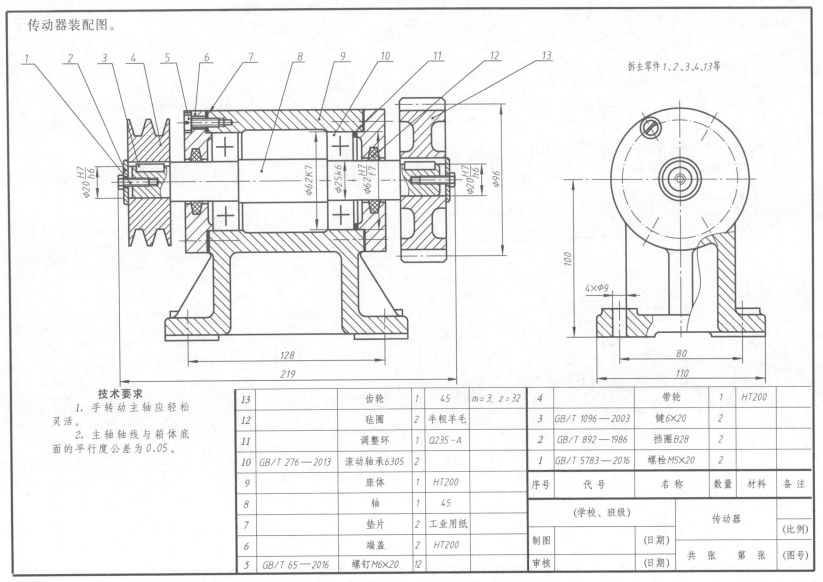

技术要求

1. 手转动主轴应轻松灵活。

2. 主轴轴线与箱体底面的平行度公差为0.05。

13		齿轮	1	45	m = 3, z = 32	4			带轮	1	HT200	
12		毡圈	2	半粗羊毛		3	GB/T 1096 — 2003		键6×20	2		
11		调整环	1	Q235 – A		2	GB/T 892 — 1986		挡圈B28	2		
10	GB/T 276 — 2013	滚动轴承6305	2			1	GB/T 5783 — 2016		螺栓M5×20	2		
9		座体	1	HT200		序号	代号		名称	数量	材料	备注
8		轴	1	45			（学校、班级）			传动器		
7		垫片	2	工业用纸								（比例）
6		端盖	2	HT200		制图		（日期）				
5	GB/T 65 — 2016	螺钉M6×20	12			审核		（日期）	共 张 第 张			（图号）

班级＿＿＿＿＿＿ 姓 名＿＿＿＿＿＿ 学 号＿＿＿＿＿＿

微动机构装配图。

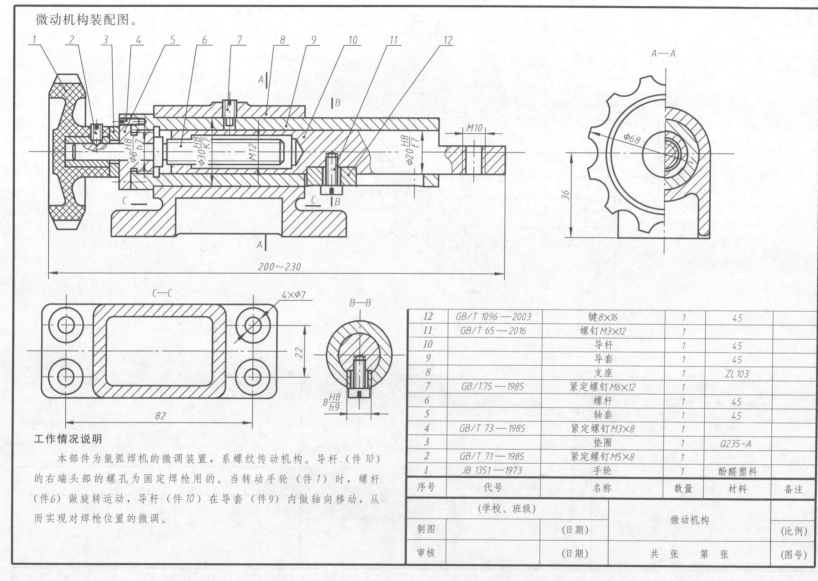

工作情况说明

　　本部件为氩弧焊机的微调装置，系螺纹传动机构。导杆（件10）的右端头部的螺孔为固定焊枪用的。当转动手轮（件1）时，螺杆（件6）做旋转运动，导杆（件10）在导套（件9）内做轴向移动，从而实现对焊枪位置的微调。

序号	代号	名称	数量	材料	备注
12	GB/T 1096—2003	键8×16	1	45	
11	GB/T 65—2016	螺钉M3×12	1		
10		导杆	1	45	
9		导套	1	45	
8		支座	1	ZL103	
7	GB/T75—1985	紧定螺钉M6×12	1		
6		螺杆	1	45	
5		轴套	1	45	
4	GB/T 73—1985	紧定螺钉M3×8	1		
3		垫圈	1	Q235-A	
2	GB/T 71—1985	紧定螺钉M5×8	1		
1	JB 1351—1973	手轮	1	酚醛塑料	

（学校、班级）			微动机构		
制图		（日期）			（比例）
审核		（日期）	共 张　第 张		（图号）

No 5 千斤顶装配图

作业指导书

一、作业目的

（1）熟悉装配图的画法规定、尺寸标注及其他各项内容。

（2）进一步练习和检验读零件图的能力。

（3）熟悉标准件查表和画图方法。

二、内容与要求

由零件图拼画千斤顶装配图，图幅、比例自定。

（1）看懂装配示意图和零件图，了解装配体的装配关系、工作原理和基本结构。

（2）选择表达方案，画出装配图的一组视图，标注尺寸和技术要求，编写零件序号，画出并填写明细栏、标题栏。

三、注意事项

（1）对于装配体上的标准件，需查阅有关标准或由教师给定其尺寸。

（2）画图时应首先画出起定位作用的基准件，确定主要装配线，然后沿装配线依次画出每一零件。须注意零件间的位置关系、尺寸关系和遮挡关系；注意接触面和非接触面的画法；注意相邻零件剖面线不可相同。

（3）装配图只需标注特性、装配、外形、安装及其他重要尺寸。

（4）零件序号的编写要整齐。

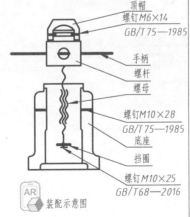

顶帽
螺钉M6×14
GB/T 75—1985
手柄
螺杆
螺母
螺钉M10×28
GB/T 75—1985
底座
挡圈
螺钉M10×25
GB/T 68—2016

装配示意图

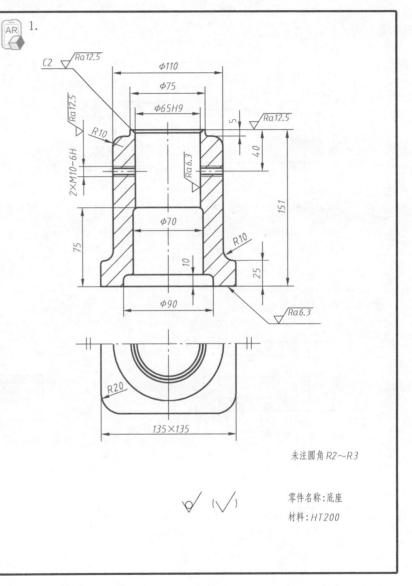

1.

未注圆角 R2~R3

零件名称：底座

材料：HT200

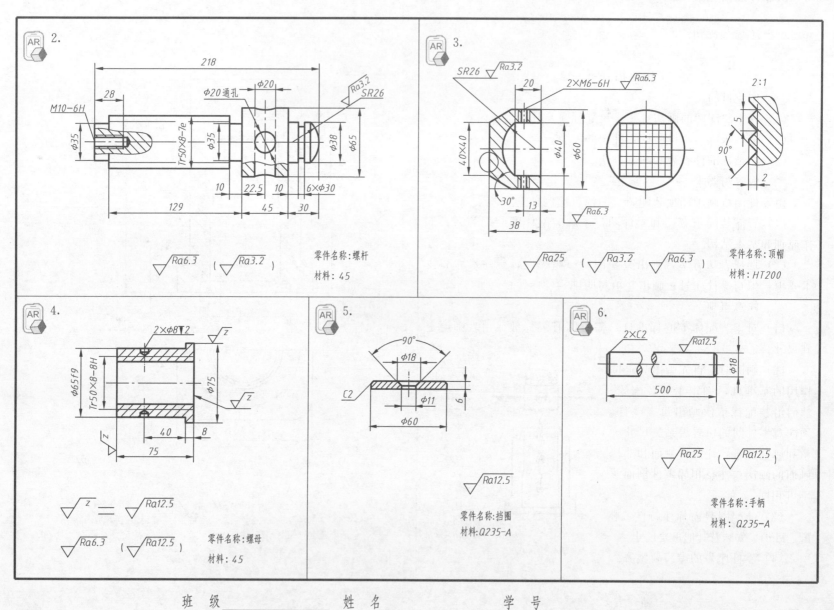

2.

218

28

M10-6H

Φ35

Φ20通孔

Φ20

Tr50×8-7e

Φ35

Ra3.2
SR26

Φ38

Φ65

10

22.5

10

6×Φ30

129

45

30

$\sqrt{Ra6.3}$ ($\sqrt{Ra3.2}$)

零件名称：螺杆

材料：45

3.

SR26 $\sqrt{Ra3.2}$

20

2×M6-6H $\sqrt{Ra6.3}$

40×40

Φ40

Φ60

30°

13

$\sqrt{Ra6.3}$

38

2:1

5

90°

2

$\sqrt{Ra25}$ ($\sqrt{Ra3.2}$ $\sqrt{Ra6.3}$)

零件名称：顶帽

材料：HT200

4.

2×Φ8▼2 $\sqrt{z}$

Φ65f9

Tr50×8-8H

Φ75

$\sqrt{z}$

z

40

8

75

$\sqrt{z} = \sqrt{Ra12.5}$

$\sqrt{Ra6.3}$ ($\sqrt{Ra12.5}$)

零件名称：螺母

材料：45

5.

90°

Φ18

C2

Φ11

6

Φ60

$\sqrt{Ra12.5}$

零件名称：挡圈

材料：Q235-A

6.

2×C2 $\sqrt{Ra12.5}$

Φ18

500

$\sqrt{Ra25}$ ($\sqrt{Ra12.5}$)

零件名称：手柄

材料：Q235-A

班 级_____ 姓 名_____ 学 号_____

第八章 化工设备图

8-1 查表确定化工设备标准零部件尺寸

1. 封头 *EHA* 1000×6 JB/T 4746—2002

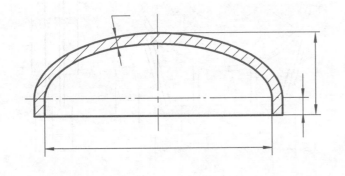

2. 补强圈 *DN* 450×10—A JB/T 4736—2002

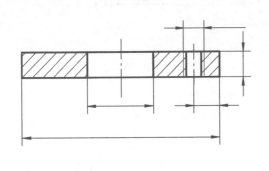

3. 法兰 *DN-PN* JB/T 81—1994

PN/MPa	0.25	0.25	0.25	0.25	1.6
DN/mm	25	40	50	65	15
A					18
B					19
f					2
D					95
K					65
d					45
c					14
n					4
L					14

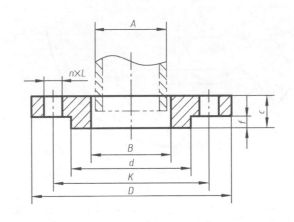

班 级_____ 姓 名_____ 学 号_____

4. 人孔　DN450　JB/T 577—1979

5. 鞍座　A1000-S　JB/T 4712.1—2007

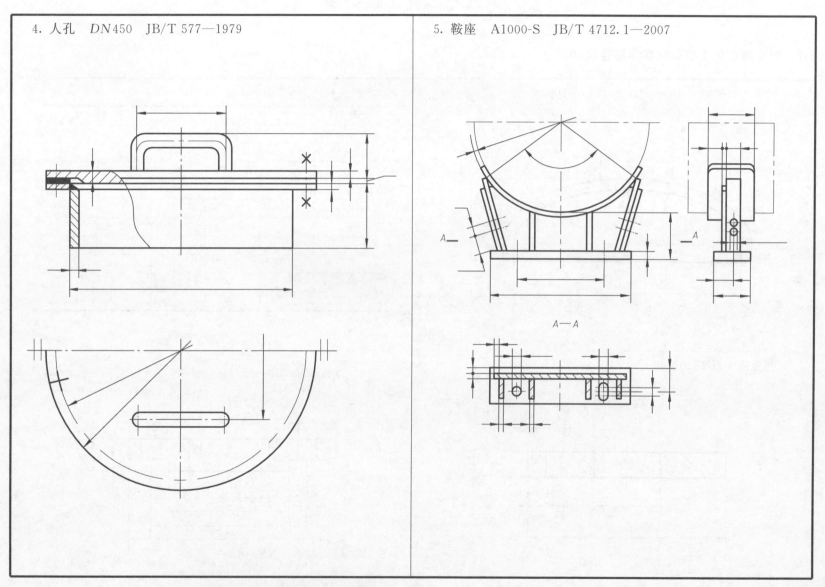

A—A

班　级_____　姓　名_____　学　号_____

No 6　化工设备图

作业指导书

一、作业目的

(1) 熟悉化工设备图的内容及表达方法。

(2) 掌握化工设备图的作图步骤。

二、内容与要求

(1) 根据示意图，结合作业 7-1 查表所得数据拼画卧式储罐设备图，并标注尺寸。

(2) A2 图纸，横装，绘图比例自定。

(3) 图名为"卧式储罐 $V=2.5m^3$"。

三、注意事项

(1) 画图前应先看懂设备示意图及有关零部件图，了解设备的工作情况及各零部件的装配连接关系。

(2) 可参考教材附图，综合运用化工设备图的表达方法确定表达方案。

(3) 要合理布置视图及标题栏、明细栏、管口表、技术特性表、技术要求。

(4) 画剖视图时，相邻零件的剖面线方向、间隔不能相同，同一零件的剖面线在各剖面区域中应保持一致。

(5) 筒体、封头、接管的壁厚可采用夸大画法。

技术特性表

工作压力	常压
工作温度	$\leqslant 100℃$
介质	物料
容积	$2.5m^3$
材质	Q235-A

管口表

序号	公称尺寸	连接尺寸标准	连接面形式	用途或名称
a	50	JB/T 81—1994	平面	进料口
b	65	JB/T 81—1994	平面	备用口
c	25	JB/T 81—1994	平面	压力计口
d	40	JB/T 81—1994	平面	排气口
e		G1	螺纹	温度计口
f	450	JB/T 577—1979		人孔
g	40	JB/T 81—1994	平面	排污口
h	50	JB/T 81—1994	平面	放料口
i_1、i_2	15	JB/T 81—1994	平面	液面计口

班　级＿＿＿＿＿＿＿　姓　名＿＿＿＿＿＿＿　学　号＿＿＿＿＿＿＿

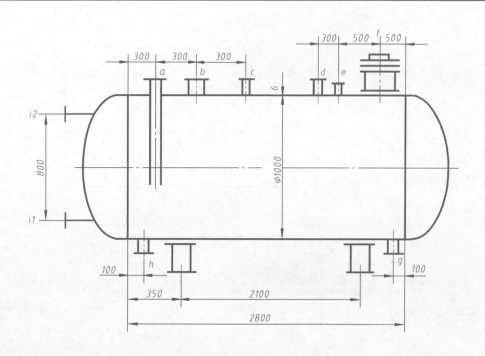

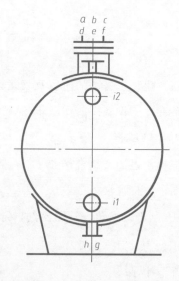

注：各接管口的伸出长度均为120mm。

技术要求

1. 本设备按GB/T—1980《压力容器安全监察规程》和JB/T 741—1980《钢制焊接容器技术条件》进行制造、试验和验收。

2. 本设备全部采用电焊，焊接接头形形式按GB/T 985—1980 规定，对接接头采用 I 型，法兰焊接按相应的标准。

3. 设备制成后，以0.25MPa 水压实验后，再以0.1MPa 进行气密性试验。

4. 设备外表面涂漆。

班 级 _____ 姓 名 _____ 学 号 _____

1. 读下页化工设备图，回答下列问题。

(1) 该设备名称为_____，共有零部件____种，其中标准件____种，接管口____个。筒体内径为____ mm，壁厚为____ mm。设备的壳程工作压力____ MPa，壳程工作温度____℃。管程工作压力____ MPa，管程工作温度____℃，搅拌桨转速____ r/min。

(2) 图样上采用了____个基本视图、____个局部放大的剖视图及____个局部放大图。主视图采用了_____画法，以表达设备的内、外结构及各零部件间的主要装配关系，俯视图主要用以表达_____。

(3) A—A、B—B、D—D 剖视图分别用以表达基本视图中未表示清楚的_____与____的装配连接关系，E—E 剖视图表达了____的装配连接情况，局部放大图表达了____的装配连接情况。

(4) 筒体与上、下封头采用____连接，各接管与上封头采用____连接，动力装置的机座通过_____与焊接在设备上的底座连接，设备整体用____个____支座支承。

(5) 件 11（联轴器）的作用是_____，零件 8 称为_____，其作用是_____，设备上的人孔用来_____。

(6) 原料由____接管口加入，通过充分搅拌，反应完成后的物料由____接管口排出。设备的加热装置是_____，其中心距为_____ mm，加热介质为_____，由____接管口进入，由____接管口排出。

2. 综合复习填空。

(1) 化工设备图用于指导设备的____、____、____、____及使用和维修等。

(2) 化工设备图的内容除视图、尺寸、零部件编号及明细栏、标题栏外，还包括_____、_____和技术要求。

(3) 常见化工设备的类型有_____、_____、_____、_____等。

(4) 化工设备广泛采用标准化零部件，常见的标准化零部件有（写出四种以上）_____。

(5) 化工设备主体形状多为_____形，制造工艺上大量采用_____，设备上有较多的_____用以安装零部件和连接管路。

(6) 化工设备图通常采用____个基本视图；立式设备采用_____和_____；卧式设备采用_____和_____。

(7) 化工设备图常采用_____画法，将设备周向分布接管、孔口或其他结构，分别旋转到与主视图所在投影面平行的位置画出。

(8) 管口方位图一般仅画出_____，用____线表示管口位置，用____线示意性地画出设备管口。

(9) 焊接接头通常包括_____、_____、_____、_____等四种基本形式。

(10) 化工设备图上通常标注_____、_____、_____、_____及其他重要尺寸。

班 级_____ 姓 名_____ 学 号_____

班级 _____ 姓名 _____ 学号 _____

技术要求

1. 本设备按GB/T 150—1998《钢制压力容器》进行制造验收。
2. 焊接材料、对焊接接头型式及尺寸可按JB/T 4709—1992 中规定。
3. 设备制造完毕后，壳程以1MPa 表压进行水压试验，蛇管内以1.2MPa 表压进行水压试验，完毕后，合格后，再以0.7MPa 进行气密性试验，合格后，外涂红丹一遍。
4. 设备检验合格后。

技术特性表

管程压力/MPa	0.9
壳程压力/MPa	0.7
物料名称	对硝基氯苯、碱
管程温度/℃	179
壳程温度/℃	168
焊缝系数φ	0.8
容器类别	
腐蚀裕度/mm	2
全容积/m³	1
电机功率/kW	5.5
搅拌轴转速/r/min	80

管口表

符号	公称尺寸	连接尺寸标准	连接面形式	用途或名称
a	4.0	JB/T 81—1994	平面	蒸汽进口
b	4.0	JB/T 81—1994	平面	冷凝水出口
c	4.0	JB/T 81—1994	平面	进料口
d	4.0	JB/T 81—1994	平面	安全阀口
e	4.0	JB/T 81—1994	平面	出料口
f	M27×2		螺纹	测温口
g	50	JB/T 580—1979	平面	放空口
h	450			人孔

明细表

序号	图号与标准号	名称	数量	材料	单重	总重	备注
27		蛇管 163×63×6	3	Q235-A			
26	GB/T 97.1—2002	垫圈	12	Q235-A			
25	GB/T 6170—2015	螺母 M10	12	Q235-A			
24		U 形螺栓 M10	12	Q235-A			
23		蛇管	1	20			
22		温度计计接头	1	20			
21		接管 φ57×2.5	1	Q235-A			
20	JB/T 81—1994	法兰 PN1 DN50	1	Q235-A			组合件
19		接管 φ4.5×2.5	2	20			
18	JB/T 81—1994	法兰 PN1 DN40	5	Q235-A			组合件
17		底座	8	Q235-A			组合件
16	GB/T 93—2002	垫圈 16	8	65Mn			
15	GB/T 6170—2015	螺母 M16	8	Q235-A			
14	GB/T 898—1988	双头螺柱 M16×45	8	Q235-A			
13		减速机	1	HT150			
12		联轴器	1				
11		填料箱	1				
10	HG/T 5019—1958	人孔 A1 PN1 DN450	1				
9	JB/T 580—1979	补强圈 轴 DN450×6	1	Q235-A			
8	GB/T 6170—2015	搅拌轴 φ50	4.5	Q235-F			
7	JB/T 4725—1992	耳式支座 B4	4	Q235-F			
6		管夹	1	Q235-F			
5		筒体 DN1800×12	1	Q235-F			
4		出料管 φ4.5×25	1	20			
3		搅拌浆	1				组合件
2	JB/T 4737—1995	封头 DN1800×12	2	Q235-A.F			
1							
序号	图号与标准号	名称	数量	材料	单重	总重	备注

标记	处数	分区	更改文件号	签名	年、月、日			
设计				标准化		阶段标记	重量	比例
审核								
工艺			批准			共1张	第1张	

反应器

A—A 1:2

B—B 1:2

C—C 1:1 M27×2

D—D 1:2

E—E 1:2

φ4.5×8.5

φ57×2.5

φ4.2

φ4.5×2.5

第九章　化工工艺图

9-1　填空与读图

1. 填空

(1) 化工工艺流程图是一种表示_____的示意性图样，根据表达内容的详略，分为_____和_____。

(2) 化工工艺流程图中的设备采用_____性_____画法，每一设备需标注设备位号，设备位号一般包括_____、_____、_____等。

(3) 化工工艺流程图中的设备用____线画出，_____用粗实线画出。

(4) 建筑图样的视图，主要包括____图、____图和____图，以____图为主。

(5) 建筑物的高度尺寸以____形式标注，以____为单位，而平面尺寸以____为单位。

(6) 设备布置图是在_____图的基础上增加_____的内容，用粗实线表示____，厂房建筑用____线画出。

(7) 管路布置图是在_____图的基础上画出_____、_____及_____，用于_____。

(8) 设备布置图和管路布置图主要包括反映设备、管路水平布置情况的_____图和反映某处立面布置情况的_____图。

2. 阅读醋酐残液蒸馏岗位带控制点流程图、设备布置图和管路布置图。

图 例		
⋈ 截止阀	TI 温度	LS—蒸汽　VT—放空
保温管	PI 压力	CW—上水　VE—真空排放气
视镜		PW—物料　HW—下水　SC—蒸汽冷凝水

（学校、班级）		醋酐残液蒸馏	（图号）
制图	（日期）	带控制点工艺流程图	（比例）
审核	（日期）	共　张　第　张	（学号）

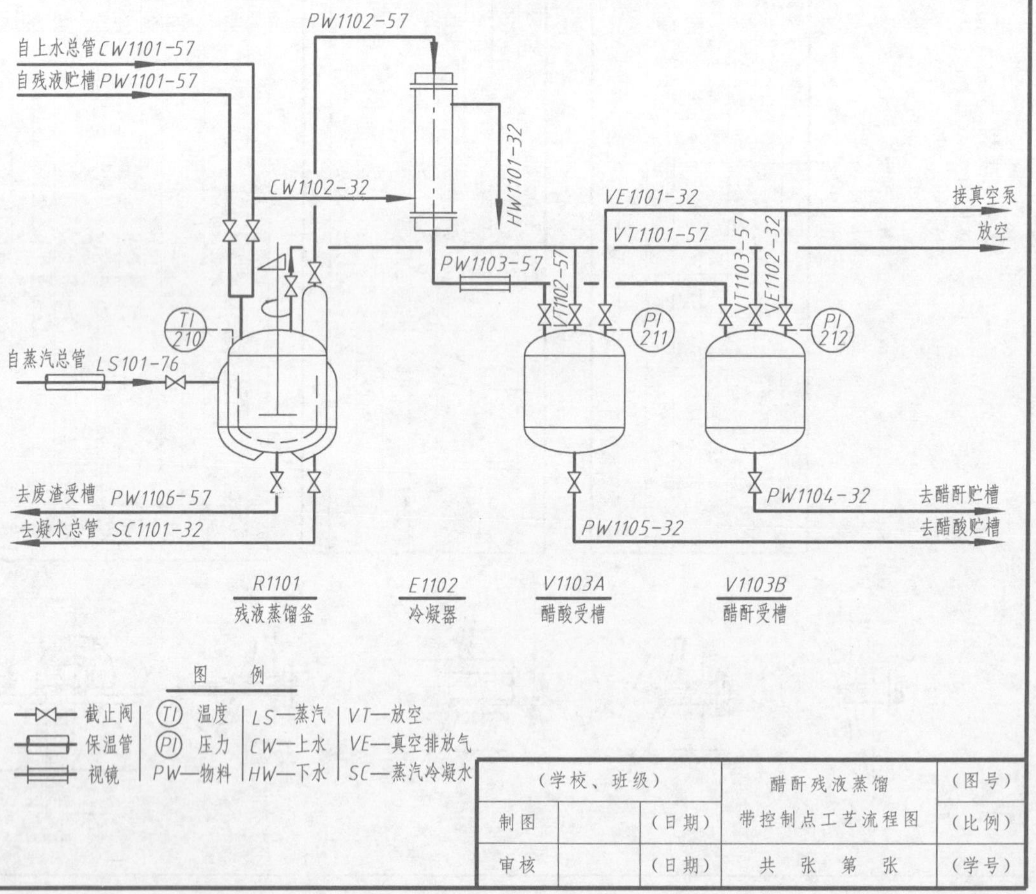

班级_____　姓名_____　学号_____

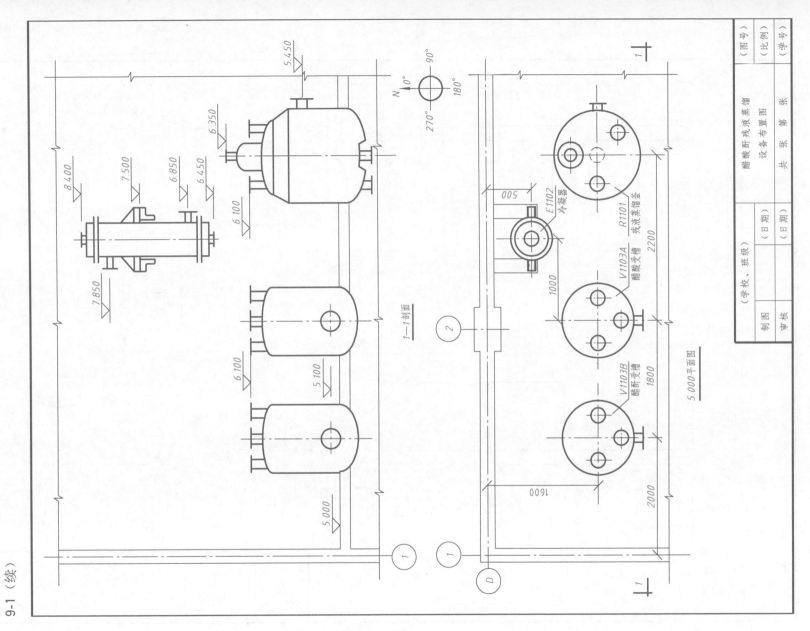

9-1（续）

醋酸酐残液蒸馏设备布置图

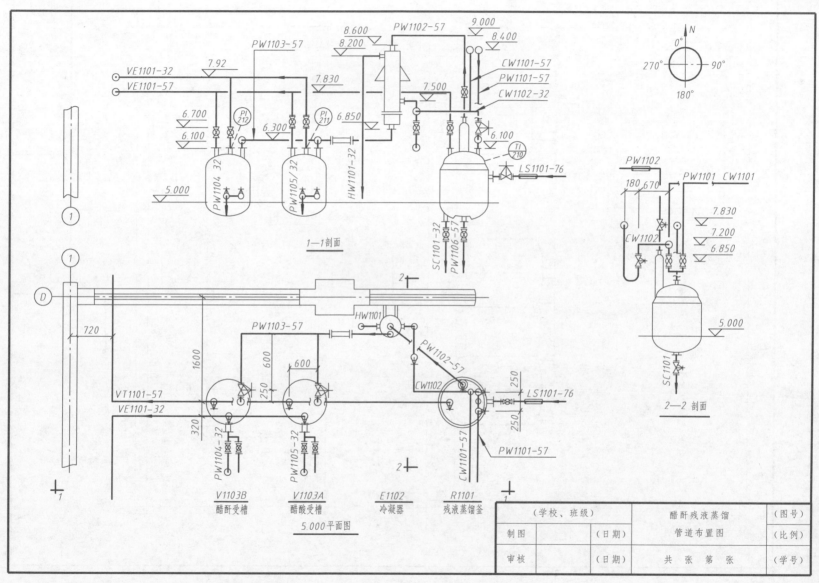

1—1剖面

5.000平面图

| V1103B | V1103A | E1102 | R1101 |
| 醋酐受槽 | 醋酸受槽 | 冷凝器 | 残液蒸馏釜 |

2—2 剖面

（学校、班级）		醋酐残液蒸馏	（图号）
制图		（日期）	管道布置图	（比例）
审核		（日期）	共 张 第 张	（学号）

醋酐残液蒸馏岗位流程说明：

醋酐残液进入残液蒸馏釜，使残液中的醋酐蒸发变为蒸汽，再经冷凝器冷凝为液态醋酐，进入醋酐受槽施加负压，然后去醋酐贮槽；蒸馏釜中蒸馏醋酐后的残渣，加水后再加热、冷凝，得到的醋酸经醋酸受槽施加负压后去醋酸贮槽。本系统为间断操作，通过阀门进行控制。

3. 阅读醋酐残液蒸馏岗位带控制点工艺流程图，回答以下问题。

（1）该岗位共有____台设备，分别是_____。

（2）来自_____的醋酐残液沿管道_____进入_____加热，使物料中醋酐蒸发变蒸汽。

（3）加热产生的醋酐蒸汽沿_____进入_____，冷凝后的液态醋酐沿_____流入_____中，然后沿_____管去醋酐贮槽。

（4）蒸馏釜中蒸馏醋酐后的残渣，加水稀释后再继续加热，使之生成醋酸沿_____进入_____中，然后经_____管去醋酸贮槽。

（5）经多次蒸馏，最后蒸馏釜中的废渣沿_____去废渣受槽。

（6）蒸馏釜通过____加热，来自蒸汽总管的蒸汽沿_____管进入蒸馏釜。经过_____管向釜中加水，通过_____管排水。

（7）冷凝器上水沿_____管进入，回水管为_____。

（8）醋酸受槽和醋酐受槽均为真空受槽，经过_____管由_____施加负压。

（9）蒸馏釜、醋酸受槽和醋酐受槽的顶部都连接到_____管，其作用是____。

（10）在二真空受槽上部装有测____表以指示____，在蒸馏釜上部装有测____表以指示____。

（11）每段管道上都装有截止阀，本系统为间断性操作，试分析不同的操作阶段是如何通过对有关阀门的操作而实现的。

4. 阅读醋酐残液蒸馏岗位设备布置图，回答以下问题。

（1）醋酐残液蒸馏岗位的设备布置图包括_____图和_____图。

（2）从平面图可知，本系统的真空受槽 A、B 和蒸馏釜布置在距北墙____ mm，距①轴分别为____ mm、____ mm、____ mm 的位置处；冷凝器的位置距北墙____ mm，与醋酸受槽 V1103A 间的水平距离为____ mm。

（3）从 A—A 剖面图可知，蒸馏釜和真空受槽 A、B 布置在标高为____ m 的楼面上，冷凝器安装在标高____ m 的支架上。

5. 阅读醋酐残液蒸馏岗位管路布置图，回答以下问题：

（1）该管道布置图包括____个平面图____个剖面图，分别是_____、_____和_____。

（2）PW1101-57 醋酸残液管道从标高____ m 处由南向北拐弯向____进入蒸馏釜。

（3）水管 CW1101-57 由南向北拐弯向下并分为两路。一路向东、向____至标高____ m 处拐弯向南与 PW1101-57 相交。另一路向西、向____、向____至标高____ m 处，然后又向____、向____至标高 7.5m 处，再转弯向____接冷凝器。

（4）_____管是从冷凝器下部分别至醋酸受槽、醋酐受槽间的管道，它自冷凝器出口向____至标高____ m 处向____，先分出一路向____、向____进入_____，原管道继续向____，然后向____、向____进入_____。

（5）VE1101-32 是醋酸受槽、醋酐受槽与真空泵之间的连接管道，由醋酸受槽顶部向上至标高____ m 处，拐弯向____与醋酐受槽上部来的管道汇合后继续向____、向____与真空泵出口相接。

（6）_____是与蒸馏釜、醋酸受槽、醋酐受槽相连接的放空管，标高____ m。

1. 已知管路的平面图和正立面图，画出其左、右立面图。	2. 已知管路的正立面图，画出其平面图和左、右立面图（宽度尺寸自定）。
（1）	（1）
（2）	（2）

班　级＿＿＿＿＿＿＿＿＿＿　姓　名＿＿＿＿＿＿＿＿＿＿　学　号＿＿＿＿＿＿＿＿＿＿

3. 根据轴测图，画出下面管路的平面图和立面图。

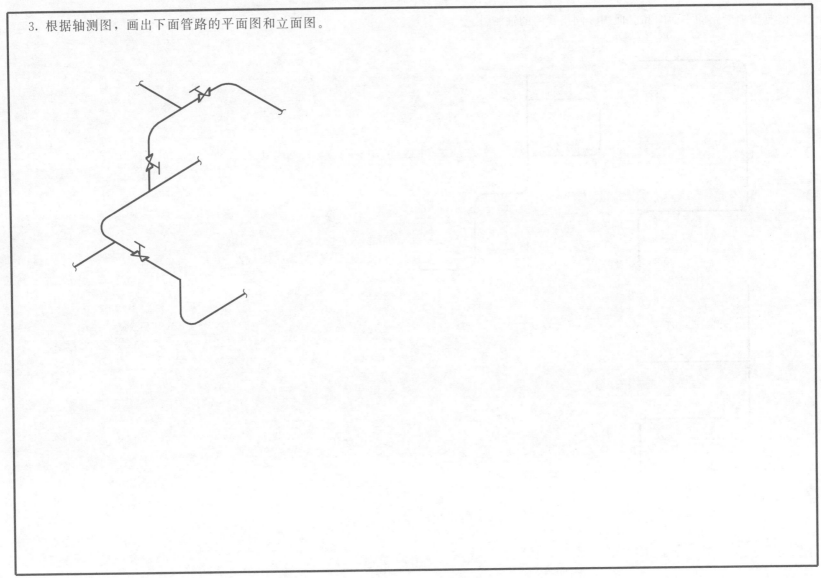

班 级＿＿＿＿＿＿ 姓 名＿＿＿＿＿＿ 学 号＿＿＿＿＿＿

4. 据下面管路的平面图和立面图，画出管路的轴测图。

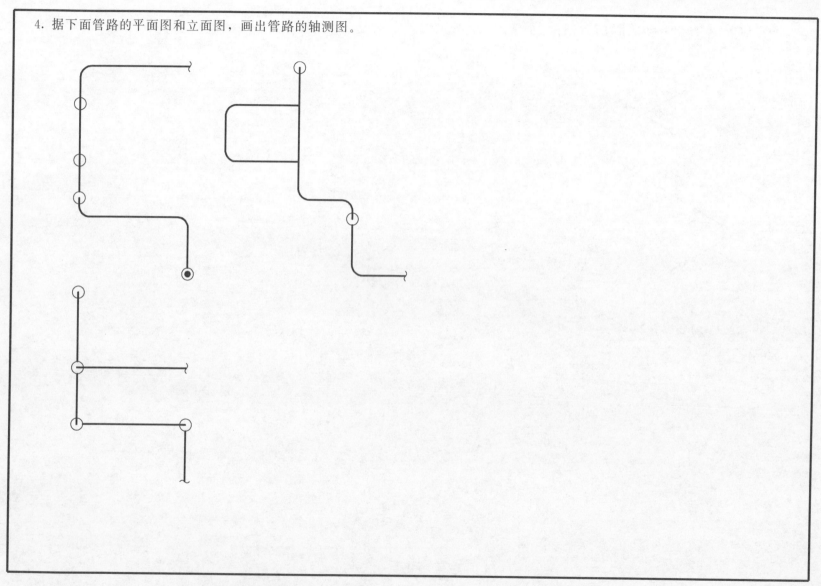

班 级＿＿＿＿＿＿ 姓 名＿＿＿＿＿＿ 学 号＿＿＿＿＿＿

第一章

1-6-1 （1）推荐性国家标准，编号 14689，2008 年颁布 （2）5　25　10 （3）粗实线　虚线　点画线 （4）尺寸界线　尺寸线　尺寸线终端　尺寸数字 （5）上　上　左　左 （6）直径　半径　球面直径 （7）2B　2H　HB （8）过圆心作直线垂线的垂足处 （9）$R+R1$ （10）标注尺寸的起点 （11）已知线段　中间线段　连接线段

1-6-2 （1）C （2）B （3）C （4）A （5）D （6）D （7）B （8）A （9）C （10）B （11）D （12）BCD （13）B （14）B （15）D （16）B （17）C （18）B

第二章

2-1-3 A 左 B 右　A 下 B 上　A 前 B 后

2-2-1 水平　侧垂　侧平　一般位置直　正垂

2-2-5 不在

2-3-1 铅垂　侧平　一般位置平　正垂

2-3-4 不在

2-4-1 3　1　2　6　5　4

2-5-1 （1）中心　正斜 （2）平行　垂直 （3）反映实长　积聚为一点　平行　垂直 （4）正面　水平面　侧面　V　H　W （5）a'　a　a'' （6）OX　V　W　W　OZ （7）W　V　H （8）x　z　x　y　y　z （9）V　H　H　W　V　W （10）x　z　V　A　B （11）平行　垂直　倾斜 （12）正平线　水平线　侧平线　正垂线　铅垂线　侧垂线 （13）倾斜　倾斜　平行　W　OX （14）正垂　积聚为一点　OX　OZ （15）垂直　倾斜 （16）正平面　水平面　侧平面　正垂面　铅垂面　侧垂面 （17）正平　V　积聚为直线 （18）倾斜　倾斜　垂直　W （19）长　高　长　宽　宽　高 （20）主　俯　俯　左　主　左 （21）长对正　高平齐　宽相等 （22）主　俯　主　左　俯　左

2-5-2 （1）B （2）C （3）C （4）A （5）C （6）B （7）A （8）D （9）C （10）B （11）D （12）D （13）B （14）A （15）B （16）C （17）B （18）C （19）C （20）C （21）D

第三章

3-3-4 （1）B （2）D （3）C （4）C （5）C （6）B

第四章

4-6-1 （1）圆柱　水平　后　上 （2）圆柱　侧平　后　上　右 （3）正平　水平　后　下 （4）水平　正垂　侧平　下　右

4-6-2 （1）A　C　D （2）A　C　D　F （3）A　B　E　C （4）B　A　C　D

4-6-3 （1）A （2）C （3）D （4）A （5）A、D （6）D （7）B （8）C （9）D （10）C （11）D （12）B

第五章

5-8 （1）C （2）C （3）C （4）D （5）C （6）D （7）D （8）A、D （9）D （10）B （11）B （12）C （13）C （14）B （15）D （16）B （17）C （18）B （19）C

第六章

6-3-3　90mm　96mm　82.5mm　8mm　3.3mm

6-4-1 （1）牙型　直径　螺距　导程　线数　旋向　牙型　直径　螺距 （2）粗实　细实　细实　粗实 （3）大径　粗牙普通　右　中、顶径公差带　短 （4）大径　导程　螺距　双　梯形　左　中、顶径公差带　中等 （5）1/2″　管 （6）螺栓、螺母、垫圈、双头螺柱、螺钉、键、销、滚动轴承等 （7）M16　60 （8）螺栓连接　双头螺柱连接　螺钉连接 （9）$2d$　$2d$　$0.7d$　$0.8d$　$0.15d$　$2.2d$　$1.1d$ （10）m　$1.25m$　mz　$m(z+2)$　$m(z-2.5)$ （11）粗实　点画　细实　粗实 （12）相切　0.25

6-4-2 （1）C （2）C （3）B （4）A （5）B （6）D （7）C （8）A （9）D （10）B （11）C

第七章

7-1-1 （1）加工制造和检验　装配、检验、安装、使用和维

修 （2）一组视图 足够的尺寸 必要的技术要求 标题栏 （3）一组视图 必要的尺寸 技术要求 零部件序号 明细栏 标题栏 （4）装配关系 工作原理 基本结构形状 （5）拆卸画法 夸大画法 假想画法 （6）特性 装配 安装 外形 （7）加工位置 工作位置 （8）工作 装配 （9）正确 完整 清晰 合理 （10）符合加工顺序 考虑加工方法 便于测量 （11）45° 倒角 倒角宽度 （12）沉孔或锪平 埋头孔 孔深

7-1-2 （1）C （2）C （3）A （4）D （5）A （6）B （7）D （8）D （9）C （10）A （11）C （12）C

7-3-7 （1）B （2）C （3）D （4）A （5）B （6）D （7）C （8）C （9）A （10）B （11）A （12）A （13）D

7-4-1 （1）轴 45 1∶3 （2）加工 （3）断面 （5）45 45.05 45.034 0.016 （6）14 5.5 测量 （7）倒角 2 45° （8）0.8μm 12.5μm

7-4-2 （1）2 1∶2 局部放大图 2.5 （2）工作 全 （3）简化 94 20 （4）4 M16-7H20 （6）Q235-A 25

7-4-3 （1）工作 局部 （2）断面图 （4）基本偏差代号 标准公差等级 ＋0.027 0 （5）两端45°倒角，宽度为2 4个 φ48.5锪平孔，锪平直径φ17 （6）1.6μm

7-4-4 （1）局部视 断面 （3）4 16 2 深度 （4）管螺纹，公称直径1/2″

7-5-1 （1）6 3 螺钉 M16×50、垫圈 12-140HV、螺母 M14 （2）座板 HT200 螺杆 45 （3）普通 14 右旋 7g 7H （4）180 60 98 （5）正方形断面，边长为9

7-5-2 （1）假想 沿结合面剖切 （3）孔 间隙 孔 过盈 否 （4）毛毡 密封 螺母（件11） （5）G3/8 2×φ7、70、 G3/8 128、90、96 （6）3 9

7-5-3 （1）全 局部 拆卸 （2）5 12 端盖 座体 带轮 防止带轮脱落 （3）6305 深沟球 φ62 座体 φ25 轴 （4）端盖 座体 孔 间隙 （5）4×φ19 128 80

7-5-4 （1）3 断面 （2）螺杆 导杆 导套 支座 （3）不动 转动 移动 不动 移动 （4）螺杆 导套 导套 （5）支座 基孔制过渡 导杆 基孔制间隙

120

第八章

8-3-1 （1）反应器 27 12 8 φ1800 12 0.7 168 0.9 179 80 （2）2 5 1 剖视和多次旋转 管口方位 （3）接管 封头 出料管 蛇管 （4）焊接 焊接 双头螺柱 4 悬挂式 （5）联接减速机和搅拌轴 补强圈 增加封头开孔处 强度 设备内部维修作业出入 （6）c e 蛇管 φ1350 蒸汽 a b

8-3-2 （1）制造 装配 安装 检验 （2）管口表 技术特性表 （3）容器 反应器 换热器 塔器 （4）筒体 封头 法兰 支座 人孔 手孔 （5）圆 焊接 孔口和接管 （6）2 主视 俯视 主视 左视 （7）多次旋转 （8）设备的外圆轮廓中心 粗实 （9）对接 搭接 角接 T字接 （10）特性尺寸 装配尺寸 安装尺寸 外形尺寸

第九章

9-1-1 （1）化工生产过程 方案流程图 施工流程图 （2）示意 展开 设备分类代号 车间或工段号 设备序号 （3）细实 主要物料流程线 （4）平面 立面 剖面 平面 （5）标高 m mm （6）厂房建筑图 设备布置 设备 细实 （7）设备布置图 管路 阀门 控制点 指导管路的安装施工 （8）平面 剖面

9-1-3 （1）4 残液蒸馏釜、冷凝器、醋酸受槽和醋酐受槽 （2）残液贮槽 PW1101-57 蒸馏釜 （3）PW1102-57 冷凝器 PW1103-57 醋酐受槽 PW1104-32 （4）PW1103-57 醋酸受槽 PW1105-32 PW1106-57 （6）蒸汽 LS1101-76 CW1101-57 SC1101-32 （7）CW1102-32 HW1101-32 （8）VE1101-32 真空泵 （9）VT1101-57 放空 （10）压 压力 温 温度

9-1-4 （1）5.000 平面 A－A 剖面 （2）1600 2000 3800 6000 500 1000 （3）5 7.5

9-1-5 （1）一 两 5.000 平面图 1—1 剖面 2—2 剖面 （2）8.4 下 （3）下 6.1 北 下 6.1 北 上 西 （4）PW1103-57 下 6.3 西 南 下 醋酸受槽 西 南 下 醋酐受槽 （5）7.92 西 西 南 （6）VT1101-57 7.83

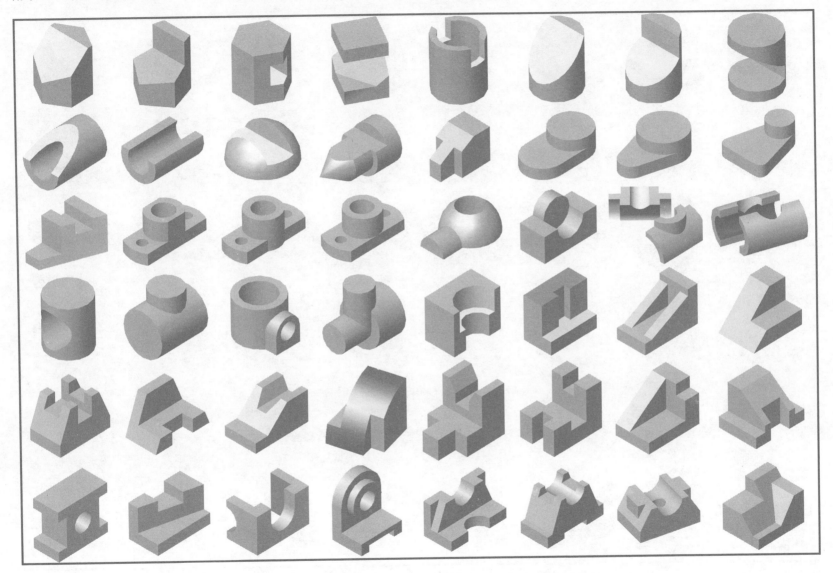

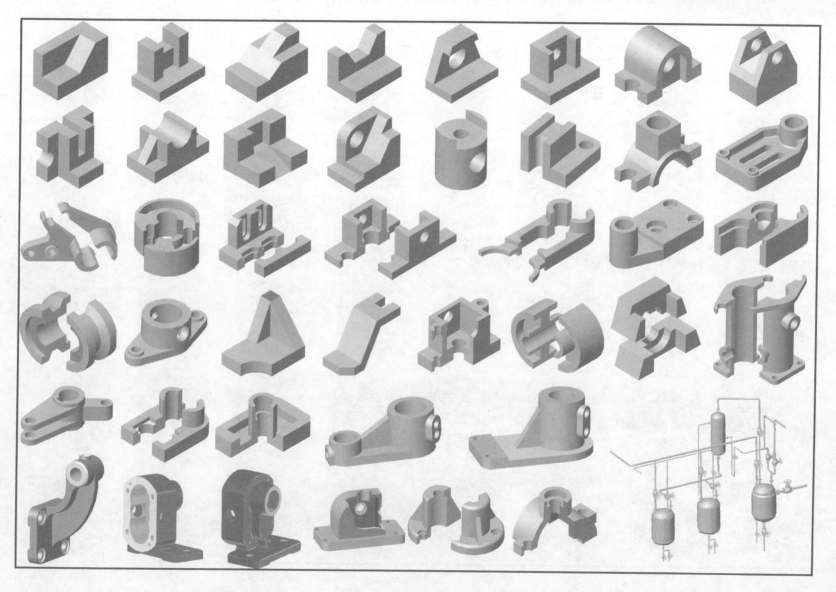